普通高等教育“十三五”系列教材

大学物理学习训练

（下）

主编　龚艳春　武文远
参编　何曼丽　吴成国　李　霞

机械工业出版社

本书为大学物理课程学习的课外训练题集，包含33个练习，根据教学进度按一课一练的方式编写。每个练习均根据《军队院校大学物理课程教学大纲》（2017试训稿）列出了相关知识点和教学基本要求，并按教学要求设计习题。对学员较难掌握的或重要的物理知识和物理方法，在本书前后相关的若干个练习中多次出现，达到循序渐进、逐步强化的训练效果；在习题的选择上不仅注重物理知识的学习，更注重物理方法和能力的训练。

本书可作为理工科各专业大学物理课程的教材。

图书在版编目（CIP）数据

大学物理学习训练．下/龚艳春，武文远主编．—北京：机械工业出版社，2018.8（2023.6重印）

普通高等教育“十三五”系列教材

ISBN 978-7-111-60619-2

Ⅰ．①大… Ⅱ．①龚… ②武… Ⅲ．①物理学—高等学校—习题集 Ⅳ．①O4-44

中国版本图书馆CIP数据核字（2018）第183380号

机械工业出版社（北京市百万庄大街22号 邮政编码100037）

策划编辑：李永联 责任编辑：李永联 陈崇昱

责任校对：王 延 封面设计：马精明

责任印制：张 博

河北鑫兆源印刷有限公司印刷

2023年6月第1版第6次印刷

210mm×297mm・6.5印张・203千字

标准书号：ISBN 978-7-111-60619-2

定价：21.00元

电话服务	网络服务
客服电话：010-88361066	机 工 官 网：www.cmpbook.com
010-88379833	机 工 官 博：weibo.com/cmp1952
010-68326294	金 书 网：www.golden-book.com
封底无防伪标均为盗版	机工教育服务网：www.cmpedu.com

前　　言

一、关于本书

《大学物理学习训练》分上、下两册，本书为下册，依据《军队院校大学物理课程教学大纲》（2017试训稿）编写。书中练习包括选择题、填空题、计算题、简答题、证明题等多种形式，突出巩固和加强学员对物理基本概念、基本规律的理解以及物理基本方法的应用，在选题上体现了基础性和梯度化，注重微积分、矢量代数的应用和数学计算的训练，同时每个练习均给出了相关的知识点和相应的教学基本要求，便于学员自学和把握课程重点。

根据教学内容和学时安排，本书共有33个练习，每个练习包含选择题3～6道，填空题4～6道，计算题（包括简答题、证明题、作图题）3～5道，总题量12～15道，供课外作业使用，部分习题也可供课内练习使用。

本书所有练习均提供了参考答案，尤其是计算题（包括证明题、简答题、作图题等）还提供了详细的解答过程。

二、致学员和教员

本书为一课一练，采用裱糊活页的形式，每个练习为正、反两个版面，学员需要将解答写在相应空白处，作业应独立完成，书写应工整清晰，计算题应有较为详细的过程和必要的说明。为养成良好的矢量应用的习惯，要求学员在书写矢量时，必须在代表矢量字母的上方以平箭头表示。学员每次作业只需要上交本次练习的活页，教员在学员完成并上交作业后提供纸质版练习参考答案。教员对学员作业评阅后进行记录，作为课程平时成绩的重要依据。教员在评阅后应将习题纸及时返还学员，以便复习时参考。

本书由龚艳春、武文远主编，龚艳春统稿，何曼丽、吴成国、李霞参与了本书的编写工作。陆军工程大学基础部及物理教研室对本书的编写给予了大力支持，在此一并表示感谢。

由于编者水平有限，难免存在谬误，读者在使用过程中，如发现任何问题，请与我们联系，以便改进。

编　者

2018年5月

目　录

练习一　磁场　磁感应强度

专业________　学号________　姓名________　成绩________

相关知识点：恒定电流、恒定磁场、磁感应强度、磁感应线

教学基本要求：

(1) 了解恒定电流和产生恒定电流的条件；理解电场强度、电流密度和电源电动势的概念；了解电流连续性方程、了解欧姆定律的微分形式和焦耳-楞次定律。

(2) 了解磁现象；了解分子电流假说；理解磁场、磁感应强度和恒定磁场的概念；了解磁感应线及其特点。

一、选择题

1. 两根截面大小相同的直铁丝和直铜丝串联后接入一直流电路，铁丝和铜丝内的电流密度和电场强度分别为 j_1、E_1 和 j_2、E_2，则　(　　)

(A) $j_1=j_2$，$E_1=E_2$。　(B) $j_1>j_2$，$E_1=E_2$。

(C) $j_1=j_2$，$E_1<E_2$。　(D) $j_1=j_2$，$E_1>E_2$。

2. 关于空间某点的磁感应强度 $\boldsymbol{B}$ 的方向，以下几种说法中哪个是错误的？　(　　)

(A) 小磁针北（N）极在该点的指向。

(B) 运动正电荷在该点所受最大的力与其速度的矢积的方向。

(C) 运动电荷在该点受力为零时其运动速度的方向。

(D) 一定与运动电荷在该点受力方向垂直。

3. 下列关于磁感应线的描述，哪个是正确的？　(　　)

(A) 条形磁铁的磁感应线是从 N 极到 S 极的。

(B) 条形磁铁的磁感应线是从 S 极到 N 极的。

(C) 磁感应线是从 N 极出发终止于 S 极的曲线。

(D) 磁感应线是无头无尾的闭合曲线。

二、填空题

1. 电流是大量电荷做________运动形成的。电流是标量，电流的方向指的是________________________。在稳恒电流情形下，电流连续性方程可表示为________________。

2. 假设导体横截面面积为 S，载流子浓度为 n，载流子电荷量为 q，载流子漂移速度为 $\boldsymbol{v}$，则导体中的电流大小 $I=$______________，电流密度矢量 $\boldsymbol{j}=$______________。

3. 两段不同金属导体电阻率之比为 $\rho_1:\rho_2=1:2$，横截面积之比为 $S_1:S_2=1:4$，将它们串联在一起后两端加上电压 U，则各段导体内电流之比 $I_1:I_2=$________，电流密度大小之比 $j_1:j_2=$________。

4. 电源提供________________，驱使正电荷通过电源内部由____________移到____________，将________________转化为静电能。

5. 奥斯特在 1819 年发现导线中的电流可以引起__________，安培通过实验进一步发现磁铁与电流之间有________，电流与电流之间有__________，人们意识到电现象与磁现象之间有联系。为解释物质的磁性，安培提出了______________假说。

6. 如填空题 1-6 图所示，正电荷 q 在磁场中运动，速度沿 x 轴正方向。若电荷 q 不受力，则外磁场 $\boldsymbol{B}$ 的方向是________；若电荷 q 受到沿 y 轴正方向的力，且受到的力为最大值，则外磁场的方向为________。

填空题 1-6 图

三、计算题

1. 设想在银这样的金属中，导电电子数等于原子数。当直径 1mm 的银线中通过

30A 的电流时，电子的漂移速率是多大？若银线温度是 20℃，按经典电子气模型，可将电子看成是理想气体，则其中自由电子的平均速率是多大？（已知银的密度为 10.5×10^{3} kg/m^{3}，摩尔质量为 $M=108g/mol$，电子质量为 $9.1\times10^{-31}kg$。）

2. 磁场中某点处的磁感应强度为 $\boldsymbol{B}=(0.40\boldsymbol{i}-0.20\boldsymbol{j})$(T)，一电子以速度 $\boldsymbol{v}=(300\boldsymbol{i}-400\boldsymbol{j})$ m/s 通过该点，试求作用于该电子上的磁场力的大小和方向。（基本电荷 $e=1.6\times10^{-19}C$）

四、简答题

1. 简答题 1-1 图 a、b、c 示出带正电粒子以速度 $\boldsymbol{v}$ 穿过一均匀磁场 $\boldsymbol{B}$ 的三种情形，试说明在每一种情况下，粒子所受磁场力 $\boldsymbol{F}$ 的方向。

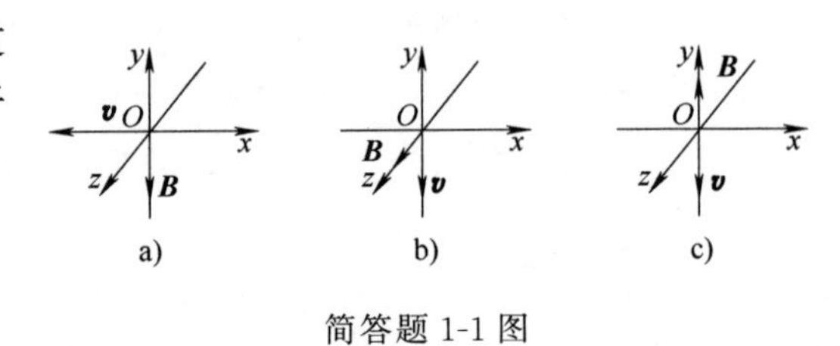

简答题 1-1 图

2. 为什么不能像定义电场强度那样，将磁场作用于运动电荷的力的方向定义为磁感应强度的方向？

练习二　磁场叠加原理　毕奥-萨伐尔定律

专业________　学号________　姓名________　成绩________

相关知识点： 磁场叠加原理、电流元、毕奥-萨伐尔定律

教学基本要求：

(1) 理解磁场叠加原理；理解毕奥-萨伐尔定律。

(2) 掌握用毕奥-萨伐尔定律计算磁感应强度的方法。

(3) 熟悉直电流以及圆电流轴线上的磁场分布，并能熟练应用。

一、选择题

1. 边长为 L 的一个导体方框上通有电流 I，则此框中心的磁感应强度　(　　)

(A) 与 L 无关。　(B) 正比于 L^2。　(C) 与 L 成正比。　(D) 与 L 成反比。　(E) 与 I^2 有关。

2. 如选择题 2-2 图所示，边长为 a 的正方形的四个角上固定有四个电荷量均为 q 的点电荷。当此正方形以角速度 ω 绕 AC 轴旋转时，在中心 O 点产生的磁感应强度的大小为 B_1；当此正方形同样以角速度 ω 绕过 O 点且垂直于正方形平面的轴旋转时，在 O 点产生的磁感应强度的大小为 B_2，则 B_1 与 B_2 间的关系为　(　　)

(A) $B_1=B_2$。　(B) $B_1=2B_2$。　(C) $B_1=B_2/2$。　(D) $B_1=B_2/4$。

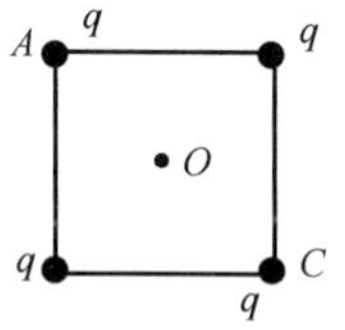

选择题 2-2 图

3. 如选择题 2-3 图所示，电流从 a 点分两路通过对称的环形分路，然后汇合于 b 点。若 ca、bd 都沿环的径向，则位于环形分路的环心处的磁感应强度　(　　)

(A) 方向垂直环形分路所在平面且指向纸内。

(B) 方向垂直环形分路所在平面且指向纸外。

(C) 方向在环形分路所在平面，且指向 b。

(D) 方向在环形分路所在平面内，且指向 a。

(E) 为零。

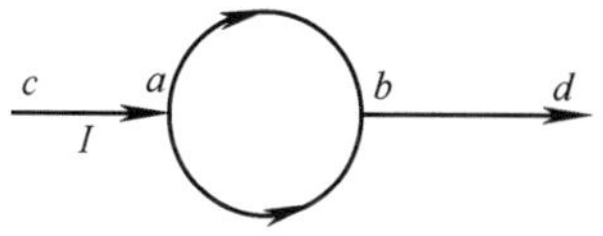

选择题 2-3 图

二、填空题

1. 如填空题 2-1 图所示，电流元 $Id\boldsymbol{l}$ 在空间某点 P 处产生的磁感应强度 $d\boldsymbol{B}$ 的大小为__________。

2. 将一根无限长载流导线在一平面内弯成如填空题 2-2 图所示的形状，并通以电流 I，则圆心 O 点的磁感应强度 $\boldsymbol{B}$ 的大小为________。

3. 如填空题 2-3 图所示两个载有相等电流 I 且半径为 R 的圆线圈，一个处于水平位置，另一个处于竖直位置，两个线圈的圆心重合，则在圆心 O 处的磁感应强度的大小为____________。

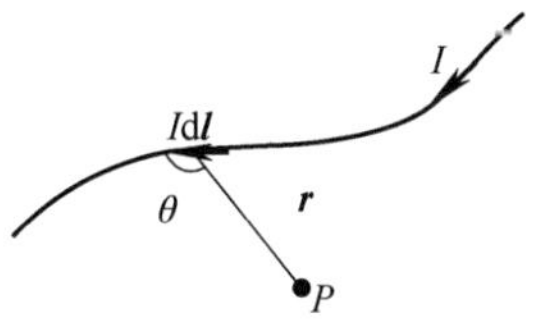

填空题 2-1 图

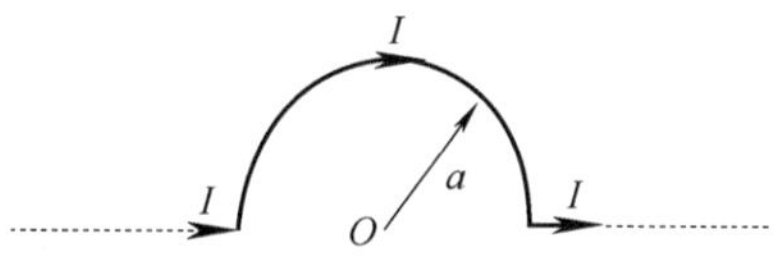

填空题 2-2 图

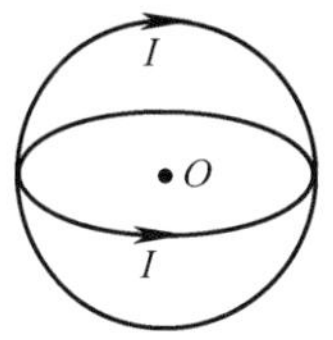

填空题 2-3 图

4. 真空中一载有电流 I 的长直螺线管，单位长度的线圈匝数为 n，管内中段部分的磁感应强度大小为________，端点处的磁感应强度大小为________。

三、计算题

1. 已知一电流元 $Id\boldsymbol{l}$ 位于直角坐标系的原点，电流沿 z 轴正方向，试确定该电流元在 (x,y,z) 处

产生的磁感应强度沿 x 轴的分量 $\mathrm{d}B_x$。

2. 如计算题 2-2 图所示，$ABCD$ 是无限长导线，导线中通有电流 I，BC 段被弯成半径为 R 的半圆环，CD 段垂直于半圆环所在的平面，AB 的延长线通过圆心 O 和 C 点。试求圆心 O 处的磁感应强度的大小。

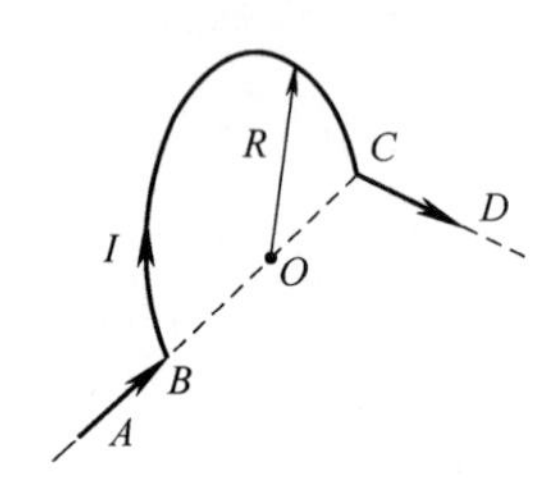

计算题 2-2 图

3. 如计算题 2-3 图所示，边长为 l 的正方形线圈中通有电流 I，试求此线圈在 A 点产生的磁感应强度的大小和方向。

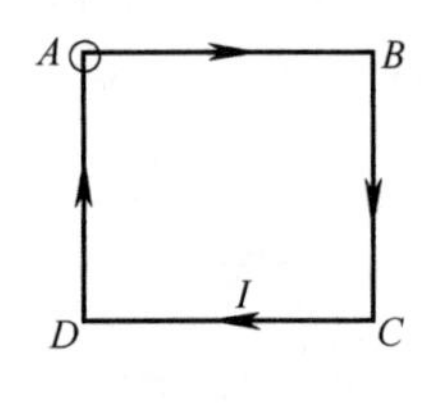

计算题 2-3 图

4. 一闭合回路由半径分别为 a 和 b 的两个同心共面半圆连接而成，如计算题 2-4 图所示，其上均匀分布线密度为 λ 的电荷，当回路以匀角速度 ω 绕过 O 点垂直于回路平面的轴转动时，求圆心 O 点处磁感应强度的大小。

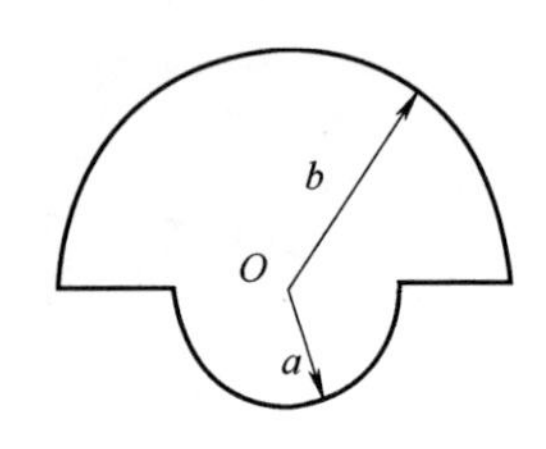

计算题 2-4 图

练习三　磁场高斯定理　安培环路定理

专业________　学号________　姓名________　成绩________

相关知识点：磁通量、磁场高斯定理、安培环路定理

教学基本要求：

（1）理解磁通量的概念和恒定磁场的高斯定理。

（2）理解安培环路定理，掌握用安培环路定理计算磁感应强度的方法。

（3）熟悉几种典型的对称分布电流的磁场，并能熟练运用。

一、选择题

1. 磁场的高斯定理 $\oiint \boldsymbol{B}\cdot \mathrm{d}\boldsymbol{S}=0$ 说明了下面的哪些叙述是正确的？（　　）

a. 穿入闭合曲面的磁感应线条数必然等于穿出的磁感应线条数。

b. 穿入闭合曲面的磁感应线条数不等于穿出的磁感应线条数。

c. 一根磁感应线可以终止在闭合曲面内。

d. 一根磁感应线可以完全处于闭合曲面内。

（A）ad。　（B）ac。　（C）cd。　（D）ab。

2. 如选择题3-2图所示，在一圆形电流 I 所在的平面内，选取一个同心圆形闭合回路 L，则由安培环路定理可知：（　　）

（A）$\oint_L \boldsymbol{B}\cdot \mathrm{d}\boldsymbol{l}=0$，且环路上任意一点 $B=0$。

（B）$\oint_L \boldsymbol{B}\cdot \mathrm{d}\boldsymbol{l}=0$，且环路上任意一点 $B\neq 0$。

（C）$\oint_L \boldsymbol{B}\cdot \mathrm{d}\boldsymbol{l}\neq 0$，且环路上任意一点 $B\neq 0$。

（D）$\oint_L \boldsymbol{B}\cdot \mathrm{d}\boldsymbol{l}\neq 0$，且环路上任意一点 $B\neq$常量。

I
L
O

选择题3-2图

3. 若空间存在两根无限长直载流导线，则该磁场分布（　　）

（A）不能用安培环路定理来计算。　（B）可以直接用安培环路定理求出。

（C）只能用毕奥-萨伐尔定律求出。　（D）可以用安培环路定理和磁感应强度的叠加原理求出。

二、填空题

1. 如填空题3-1图所示，均匀磁场的磁感应强度的大小 $B=0.2\mathrm{T}$，方向沿 x 轴正方向，则通过 $abOd$ 面的磁通量为________，通过 $befO$ 面的磁通量为________，通过 $aefd$ 面的磁通量为________。

y
b
30cm
e
40cm
B
a
O
f
x
30cm
50cm
z
d

填空题3-1图

2. 如填空题3-2图所示，两根无限长载流直导线相互平行，通过的电流分别为 I_1 和 I_2，则 $\oint_{L_1} \boldsymbol{B}\cdot \mathrm{d}\boldsymbol{l}=$________，$\oint_{L_2} \boldsymbol{B}\cdot \mathrm{d}\boldsymbol{l}=$________。

3. 无限长直圆筒的半径为 R，沿轴向均匀流有电流 I，则距轴线距离为 r 处一点的磁感应强度的大小为：圆筒内（$r<R$）$B_i=$________；圆筒外（$r>R$）$B_e=$________。

4. 无限长直圆柱体的半径为 R，沿轴向均匀流有电流 I，则距轴线距离为 r 处一点的磁感应强度大小为：圆柱体内（$r<R$）$B_i=$________；圆柱体外（$r>R$）$B_e=$________。

L_2
I_1
I_2
L_1

填空题3-2图

三、计算题

1. 如计算题3-1图所示，将半径为 R 的无限长导体薄壁管（厚度忽略）沿轴向抽去一宽度为 h（$h \ll R$）的无限长狭缝后，再沿轴向均匀地流有电流，其电流面密度（单位宽度）为 i，试求管的轴线上磁感应强度的大小。

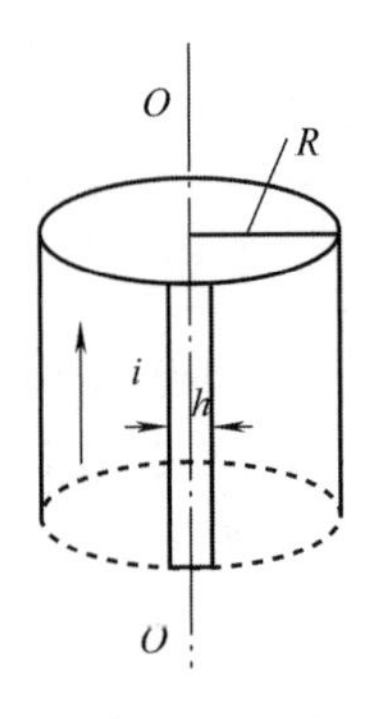

计算题3-1图

2. 如计算题3-2图所示，电荷 q（>0）均匀地分布在一个半径为 R 的薄球壳的外表面上，若球壳以恒角速度 ω_0 绕 z 轴转动，试确定沿着 z 轴从 $-\infty$ 到 $+\infty$ 磁感应强度的线积分。

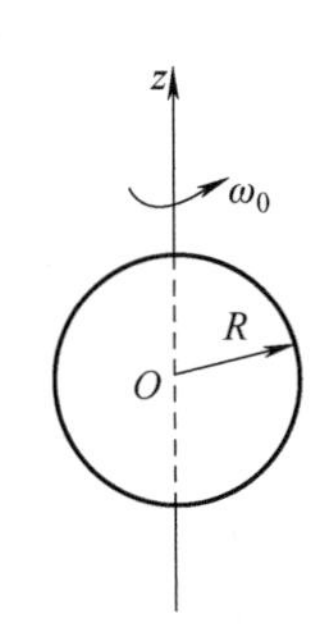

计算题3-2图

3. 如计算题3-3图所示，有一无限长通电流的扁平铜片，宽度为 a，厚度不计，电流 I 在铜片上均匀分布，P 点在铜片外且与铜片共面，它与铜片右边缘的距离为 b，试求 P 点处的磁感应强度 $\boldsymbol{B}$。

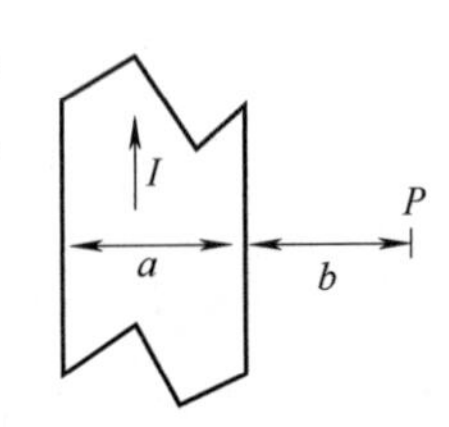

计算题3-3图

4. 如计算题3-4图所示，有一长直导线圆管，内、外半径分别为 R_1 和 R_2，它所载的电流 I_1 均匀分布在其横截面上，导线圆管的旁边有一绝缘的“无限长”直导线，载有电流 I_2，且在中部绕了一个半径为 R 的导体圆圈，导线圆管的轴线与长直导线平行，相距为 d，而且它们与导体圆圈共面，求圆心 O 点处的磁感应强度 $\boldsymbol{B}$。

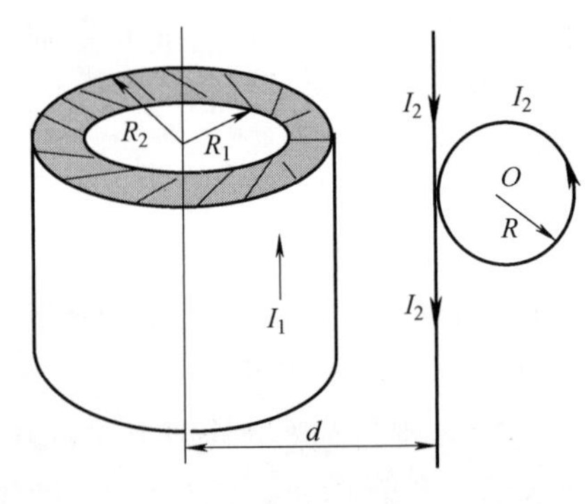

计算题3-4图

练习四　磁场对运动电荷和载流导线的作用

专业________　学号________　姓名________　成绩________

相关知识点： 洛伦兹力、安培力、载流线圈的磁矩、磁力矩

教学基本要求：

（1）理解洛伦兹力，掌握带电粒子在磁场中的运动规律，了解霍尔效应。

（2）理解安培定律，掌握安培力的计算方法。

（3）理解磁矩的概念，掌握磁力矩的计算方法，会计算平面载流线圈在均匀磁场中所受的磁力矩。

一、选择题

1. 一运动电荷 q，质量为 m，进入均匀磁场中，则（　　）

（A）其动能改变，动量不变。　（B）其动能和动量都改变。

（C）其动能不变，动量改变。　（D）其动能、动量都不变。

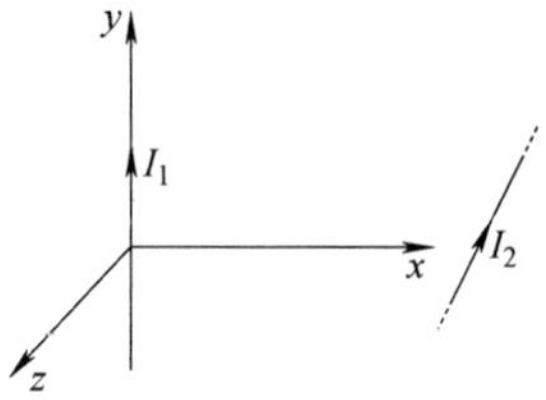

2. 两根载流直导线成相互正交放置，如选择题 4-2 图所示。I_1 沿 y 轴的正方向，I_2 沿 z 轴的负方向。若载流 I_1 的导线不能动，载流 I_2 的导线可以自由运动，则载流 I_2 的导线开始运动的趋势是（　　）

（A）沿 x 方向平动。　（B）绕 x 轴转动。

（C）绕 y 轴转动。　（D）无法判断。

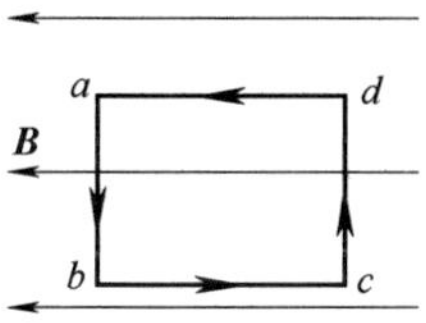

选择题 4-2 图

3. 如选择题 4-3 图所示，匀强磁场中有一矩形通电线圈，它所在的平面与磁场平行，在磁场作用下，线圈发生转动，其方向是（　　）

（A）ab 边转入纸内，cd 边转出纸外。

（B）ab 边转出纸外，cd 边转入纸内。

（C）ad 边转入纸内，bc 边转出纸外。

（D）ad 边转出纸外，bc 边转入纸内。

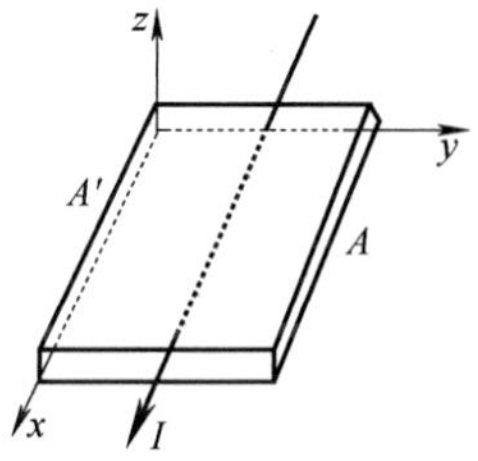

选择题 4-3 图

4. 如选择题 4-4 图所示，一矩形样品放在一均匀磁场中，当样品中的电流 I 沿 x 轴正向流过时，实验测得样品 A、A' 两侧的电势差 $V_A - V_{A'} > 0$，设此样品的载流子带负电荷，则磁场方向为（　　）

（A）沿 x 轴正方向。　（B）沿 x 轴负方向。

（C）沿 z 轴正方向。　（D）沿 z 轴负方向。

选择题 4-4 图

二、填空题

1. 两个带电粒子，以相同的速度垂直磁感应线飞入匀强磁场，它们的质量之比是 1:4，电荷量之比是 1:2，它们所受的磁场力之比是________，运动轨迹半径之比是____________。

2. 如填空题 4-2 图所示，有一半径为 a、流过恒定电流 I 的、1/4 圆弧形载流导线 bc，按图示方式置于均匀外磁场 $\boldsymbol{B}$ 中，则该载流导线所受的安培力大小为________。

3. 如填空题 4-3 图所示，平行放置在同一平面内的三条载流长直导线，要使导线 AB 所受的安培力等于零，则 x 等于________。

4. 如填空题 4-4 图所示，半径分别为 R_1 和 R_2 的两个半圆弧与直径的两小段构成的通电线圈 $abcda$，放在磁感应强度为 $\boldsymbol{B}$ 的均匀磁场中，$\boldsymbol{B}$ 平行于线圈所在平面，则线圈的磁矩大小为________，线圈受到的磁力矩的大小为________。

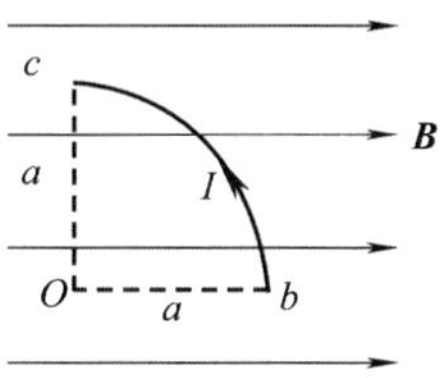

填空题 4-2 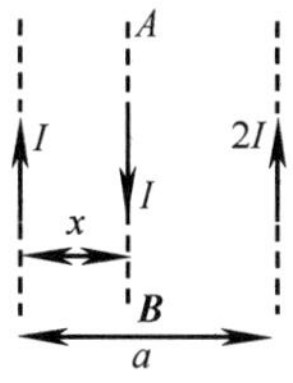　　填空题 4-3 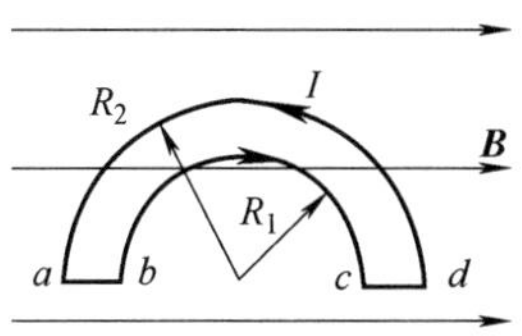　　填空题 4-4

三、计算题

1. 通有电流 I 的长直导线在一平面内被弯成如计算题 4-1 图所示的形状，并放于垂直进入纸面的均匀磁场中，求整个导线所受的安培力。（半径 R 为已知）

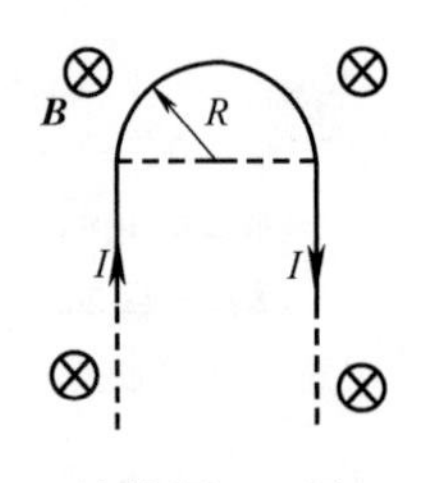

计算题 4-1 图

2. 一无限长直导线通有电流 I_1，其旁有一直角三角形线圈通有电流 I_2，线圈与直导线共面，相对位置如计算题 4-2 图所示，试求电流 I_1 对 AB、CA 两段载流导体的作用力。

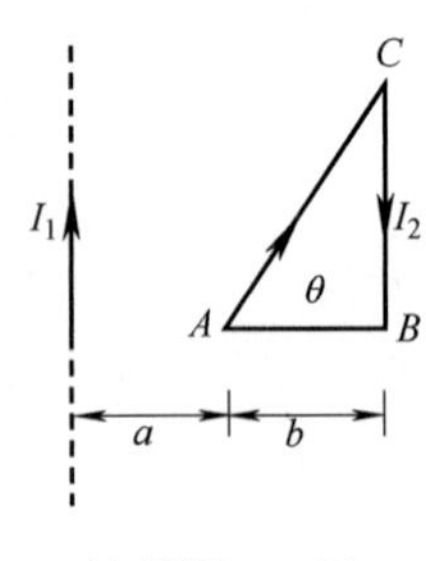

计算题 4-2 图

3. 一半径为 $R=0.1\text{m}$ 的半圆形闭合线圈，载有电流 $I=10\text{A}$，放在均匀外磁场中，磁场方向与线圈所在平面平行，磁感应强度的大小为 $B=5.0\times10^{-2}\text{T}$，求：

（1）线圈所受力矩的大小。

（2）线圈在该力矩作用下转 90°角，该力矩所做的功。

4. 如计算题 4-4 图所示，半径为 R 的圆盘，带有正电荷，其电荷面密度为 $\sigma=kr$（其中 k 是常数，r 为圆盘上一点到圆心的距离），将圆盘放在一均匀磁场 $\boldsymbol{B}$ 中，其法线方向与 $\boldsymbol{B}$ 垂直，当圆盘以角速度 ω 绕过圆心 O 点，且垂直于圆盘所在平面的轴做逆时针旋转时，求圆盘所受磁力矩的大小和方向。

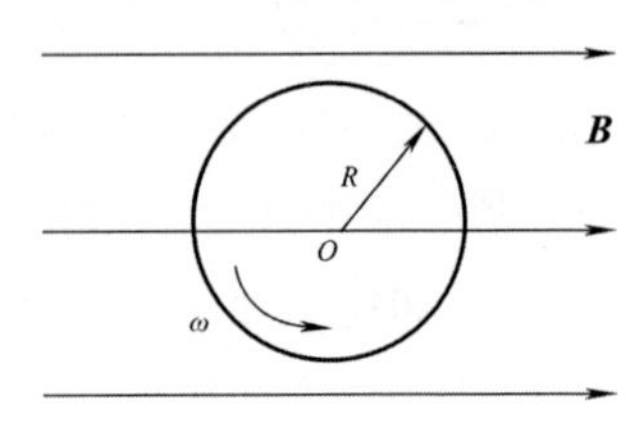

计算题 4-4 图

练习五　物质的磁性　有介质时的磁场

专业________　学号________　姓名________　成绩________

相关知识点： 磁导率、磁化电流、磁化强度、磁场强度、有介质时的安培环路定理

教学基本要求：

(1) 了解磁介质的分类；了解磁化电流、磁化强度的概念及磁介质的磁化规律；了解铁磁质的特性及其应用。

(2) 理解磁场强度的概念；理解有介质存在时的安培环路定理，了解有介质时简单电流分布的磁场。

一、选择题

1. 磁介质有三种，当用相对磁导率 μ_r 表征它们各自的特征时，（　　）

(A) 顺磁质 $\mu_r>0$，抗磁质 $\mu_r<0$，铁磁质 $\mu_r\gg1$。

(B) 顺磁质 $\mu_r>1$，抗磁质 $\mu_r=1$，铁磁质 $\mu_r\gg1$。

(C) 顺磁质 $\mu_r>1$，抗磁质 $\mu_r<1$，铁磁质 $\mu_r\gg1$。

(D) 顺磁质 $\mu_r>0$，抗磁质 $\mu_r<0$，铁磁质 $\mu_r>1$。

2. 关于稳恒磁场的磁场强度 $\boldsymbol{H}$ 的下列几种说法中哪个是正确的？（　　）

(A) $\boldsymbol{H}$ 仅与传导电流有关。

(B) 若闭合曲线内没有包围传导电流，则曲线上各点的 $\boldsymbol{H}$ 必为零。

(C) 由于闭合曲线上各点 $\boldsymbol{H}$ 均为零，则该曲线所包围传导电流的代数和为零。

(D) 以闭合曲线 L 为边界的任意曲面的 $\boldsymbol{H}$ 通量均相等。

3. 用细导线均匀密绕成长为 l、半径为 a ($l\gg a$)、总匝数为 N 的螺线管，通以恒定电流 I，当管内充满相对磁导率为 μ_r 的均匀介质后，管中任意一点的（　　）

(A) 磁感应强度大小为 $\mu_0\mu_r NI$。　(B) 磁感应强度大小为 $\mu_r NI/l$。

(C) 磁场强度大小为 $\mu_0 NI/l$。　(D) 磁场强度大小为 NI/l。

4. 在选择题 5-4 图中，M、P、O 为由软磁材料制成的棒，三者在同一平面内，当开关 S 闭合后，（　　）

(A) M 的左端出现 N 极。　(B) P 的左端出现 N 极。

(C) O 的右端出现 N 极。　(D) P 的右端出现 N 极。

选择题 5-4 图

二、填空题

1. 填空题 5-1 图为三种不同磁介质的 B-H 关系曲线，其中虚线表示 $B=\mu_0 H$ 的关系。说明 a、b、c 各代表哪一类磁介质的 B-H 关系曲线：

a 代表________________的 B-H 关系曲线。

b 代表________________的 B-H 关系曲线。

c 代表________________的 B-H 关系曲线。

填空题 5-1 图

2. 一个单位长度上密绕有 n 匝线圈的长直螺线管，每匝线圈中通有大小为 I 的电流，管内充满相对磁导率为 μ_r 的磁介质，则管内中部附近磁感应强度的大小为____________，磁场强度的大小为____________。

3. 长直电缆由一个圆柱导体和一共轴圆筒状导体组成，两导体中有等值反向均匀电流 I 通过，其间充满磁导率为 μ 的均匀磁介质，介质中离中心轴距离为 r 的某点处的磁场强度的大小 $H=$____________，磁感应强度的大小 $B=$____________。

三、计算题

1. 一平均周长为 50cm，相对磁导率为 600 的环形铁心，在它上面均匀地密绕 500 匝的导线圈，线圈中载有电流 0.3A。求：(1) 铁心中的磁感应强度 $\boldsymbol{B}$ 的大小；(2) 铁心中的磁场强度 $\boldsymbol{H}$ 的大小。

2. 如计算题 5-2 图所示的一细螺绕环，它由表面绝缘的导线在铁环上密绕而成，每厘米绕 10 匝。当导线中的电流 I 为 2.0A 时，测得铁环内的磁感应强度 $\boldsymbol{B}$ 的大小为 1.0T，求铁环的相对磁导率 μ_r。(真空磁导率 $\mu_0=4\pi\times10^{-7}\mathrm{T\cdot m\cdot A^{-1}}$)

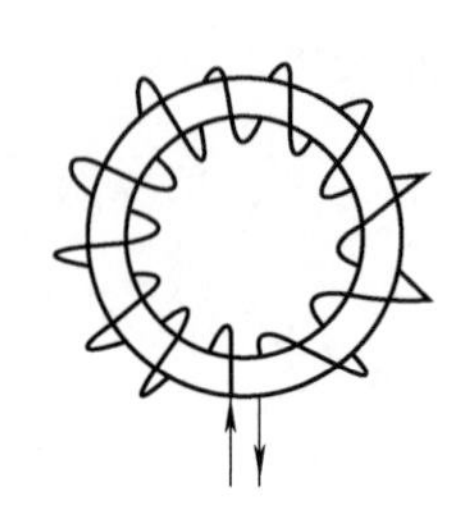

计算题 5-2 图

3. 有一相对磁导率为 500 的环形铁心，环的平均半径为 10cm，在它上面均匀地密绕着 360 匝线圈，要使铁心中的磁感应强度的大小为 0.15T，试求线圈中通过的电流。

4. 一根同轴电缆线由半径为 R_1 的长导线和套在它外面的内半径为 R_2、外半径为 R_3 的同轴导体圆筒组成，中间充满磁导率为 μ 的各向同性均匀非铁磁质，如计算题 5-4 图所示，传导电流 I 沿导线向上流去，由圆筒向下流回，在它们的载面上电流都是均匀分布的，求同轴电缆线内外的磁感应强度 $\boldsymbol{B}$ 的大小的分布。(导体内 $\mu_r\approx1$)

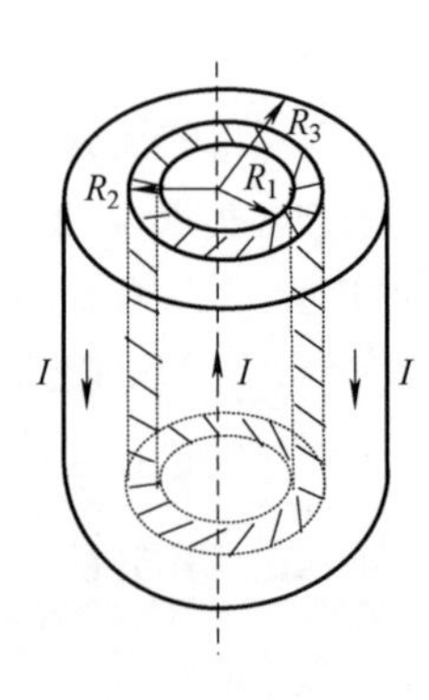

计算题 5-4 图

四、简答题

置于磁场中的磁介质，介质表面形成面磁化电流，试问该面磁化电流能否产生楞次-焦耳热？为什么？

练习六　电磁感应现象　法拉第电磁感应定律

专业________　学号________　姓名________　成绩________

相关知识点： 感应电流、感应电动势、楞次定律、法拉第电磁感应定律

教学基本要求：

（1）理解电磁感应现象，理解楞次定律。

（2）理解法拉第电磁感应定律，掌握用法拉第电磁感应定律计算感应电动势的方法。

一、选择题

1. 一导体圆线圈在均匀磁场中运动，能使其中产生感应电流的一种情况是（　　）

（A）线圈绕自身直径轴转动，轴与磁场方向平行。

（B）线圈绕自身直径轴转动，轴与磁场方向垂直。

（C）线圈平面垂直于磁场并沿垂直磁场方向平移。

（D）线圈平面平行于磁场并沿垂直磁场方向平移。

2. 将形状完全相同的铜环和木环静止放置，并使通过两环面的磁通量随时间的变化率相等，则不计自感时，（　　）

（A）铜环中有感应电动势，木环中无感应电动势。

（B）铜环中感应电动势大，木环中感应电动势小。

（C）铜环中感应电动势小，木环中感应电动势大。

（D）两环中感应电动势相等。

3. 两根无限长的平行直导线载有大小相等、方向相反的电流 I，并各以 $\mathrm{d}I/\mathrm{d}t$ 的变化率增长，一矩形线圈位于导线平面内（见选择题6-3图），则（　　）

（A）线圈中无感应电流。　（B）线圈中感应电流为顺时针方向。

（C）线圈中感应电流为逆时针方向。（D）线圈中感应电流方向不确定。

选择题6-3图

4. 如选择题6-4图所示，M、N 为水平面内两根平行金属导轨，ab 与 cd 为垂直于导轨并可在其上自由滑动的两根直裸导线。外磁场垂直于水平面向上。当外力使导线 ab 向右平移时，导线 cd（　　）

（A）不动。（B）转动。（C）向左移动。（D）向右移动。

选择题6-4图

二、填空题

1. 用导线制成一半径为 $r=10\mathrm{cm}$ 的闭合圆形线圈，其电阻 $R=10\Omega$，均匀磁场垂直于线圈平面。欲使电路中有一稳定的感应电流 $i=0.01\mathrm{A}$，磁场的变化率应为 $\mathrm{d}B/\mathrm{d}t=$__________。

2. 如填空题6-2图所示，一半径为 r 的很小的金属圆环，在初始时刻与一半径为 a（$a\gg r$）的大金属圆环共面且同心。在大圆环中通以恒定的电流 I，方向如图。如果小圆环以匀角速度 ω 绕其任一方向的直径轴转动，并设小圆环的电阻为 R，则任一时刻 t 通过小圆环的磁通量 $\Phi=$__________，小圆环中的感应电流 $i=$____________。

填空题6-2图

3. 长、宽分别为 a 和 b 的矩形线框置于均匀磁场 $\boldsymbol{B}$ 中，磁场随时间变化的规律为 $B=B_0\sin\omega t$，线圈所在平面与磁场方向垂直，则此感应电动势的大小为__________。

4. 磁换能器常用来检测微小的振动。如填空题6-4图所示，在振动杆的一端固接一个 N 匝的矩形线圈，线圈的一部分在匀强磁场 $\boldsymbol{B}$ 中，设杆的微小振动规律为 $x=A\cos\omega t$，当线圈随杆振动时，线圈中的感应电动势为____________________。

填空题6-4图

三、计算题

1. 将条形磁铁插入与冲击电流计串联的金属环中时，有电荷量为 $q=2.0\times10^{-5}$C 的电荷通过电流计，若连接电流计的电路的总电阻 $R=25\Omega$，试求穿过环的磁通量的变化 $\Delta\Phi$。

2. 在一通有电流 I 的无限长直导线所在平面内，有一半径为 r、电阻为 R 的导线环，环心距直导线的距离为 a，如计算题 6-2 图所示，且 $a\gg r$。当直导线的电流被切断后，试求沿着导线环流过的电荷量。

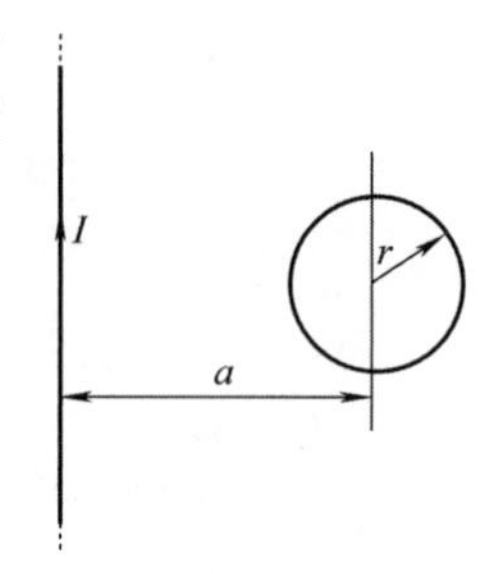

计算题 6-2 图

3. 如计算题 6-3 图所示，在一很长的直导线中通有交变电流 $I=I_0\sin\omega t$，它旁边有一长方形线圈$ABCD$，长为 l，宽为 $b-a$，线圈与导线在同一平面内，求回路 $ABCD$ 中的感应电动势。

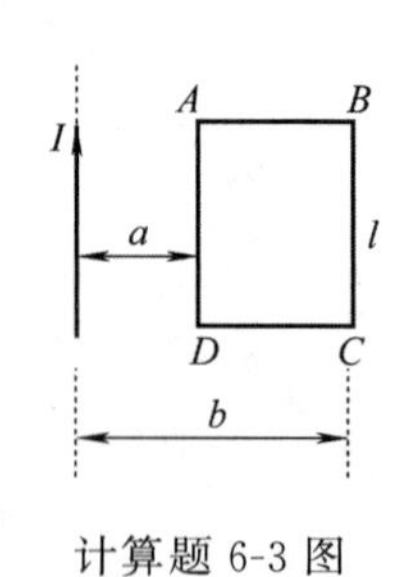

计算题 6-3 图

4. 如计算题 6-4 图所示，无限长直导线中通有恒定电流 I。有一与之共面的直角三角形线圈 ABC。已知 AC 边的边长为 b，且与长直导线平行，BC 边的边长为 a。若线圈以垂直于导线方向的速度 $\boldsymbol{v}$ 向右平移，当 B 点与长直导线的距离为 d 时，求线圈 ABC 内的感应电动势的大小。

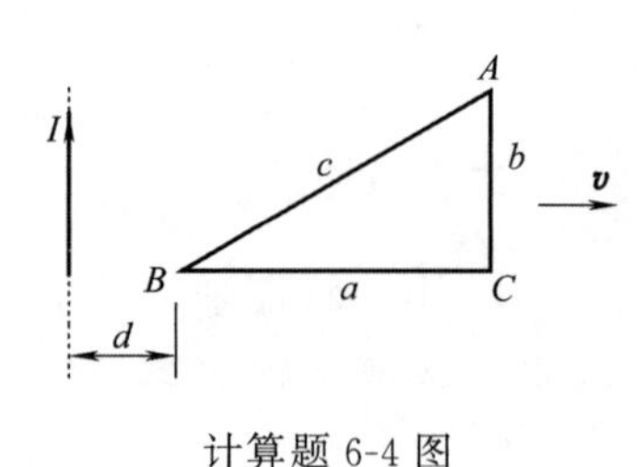

计算题 6-4 图

四、简答题

试用具体例子说明楞次定律确定的感应电流方向是符合能量守恒定律的。

练习七　动生电动势与感生电动势

专业________　学号________　姓名________　成绩________

相关知识点： 动生电动势、感生电动势、感生电场假说、感生电场

教学基本要求：

（1）理解动生电动势产生的机理，掌握动生电动势的计算方法。

（2）了解麦克斯韦感生电场假说，理解感生电动势的概念，了解典型的感生电场分布。

一、选择题

1. 如选择题 7-1 图所示，在均匀磁场 $\boldsymbol{B}$ 中，导体棒 AB 绕过 C 点垂直于棒长且沿磁场方向的轴 OO' 转动（角速度 $\boldsymbol{\omega}$ 与 $\boldsymbol{B}$ 同方向），BC 的长度为棒长的 1/3，则（　　）

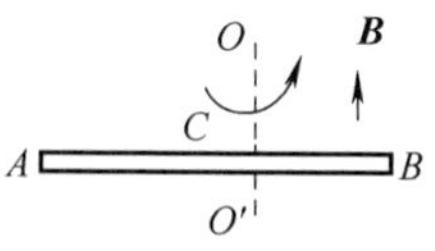

（A）A 点比 B 点电势高。　　（B）A 点与 B 点电势相等。

（C）A 点比 B 点电势低。　　（D）有恒定电流从 A 点流向 B 点。

选择题 7-1 图

2. 如选择题 7-2 图所示，在圆柱形空间内有一均匀磁场，其磁感应强度的大小以速率 $\mathrm{d}B/\mathrm{d}t$ 变化，在磁场中有 C、D 两点，其间可放置直导线和弯曲导线，则（　　）

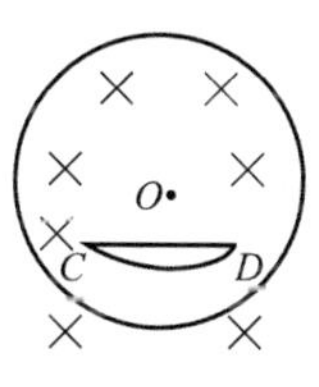

（A）电动势只在直导线中产生。（B）电动势只在弯曲导线中产生。

（C）电动势在直导线和弯曲导线中都会产生，且两者大小相等。

（D）直导线中的电动势小于弯曲导线中的电动势。

选择题 7-2 图

3. 如选择题 7-3 图所示，在感生电场中电磁感应定律可以写成 $\oint_L \boldsymbol{E}_\mathrm{k} \cdot \mathrm{d}\boldsymbol{l} = -\frac{\mathrm{d}\Phi}{\mathrm{d}t}$，式中，$\boldsymbol{E}_\mathrm{k}$ 为感生电场的电场强度。此式表明（　　）

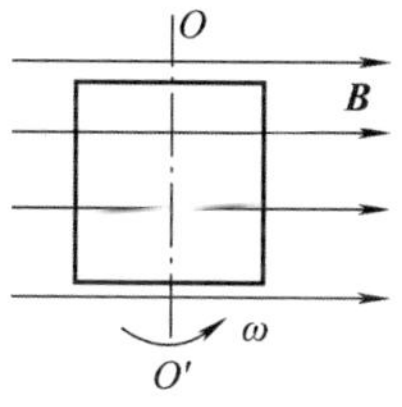

（A）闭合曲线 L 上 $\boldsymbol{E}_\mathrm{k}$ 的大小处处相等。

（B）感应电场是保守力场。

（C）感应电场的电场线不是闭合曲线。

（D）在感应电场中不能像对静电场那样引入电势的概念。

选择题 7-3 图

4. 在如选择题 7-4 图所示的装置中，当不太长的条形磁铁在闭合线圈内发生振动时（忽略空气阻力），振幅（　　）

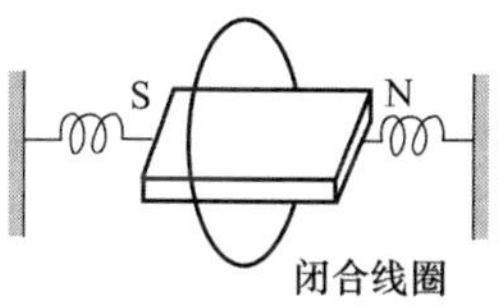

（A）会逐渐加大。　　（B）会逐渐减小。

（C）不变。　　（D）先减小后增大。

闭合线圈

选择题 7-4 图

二、填空题

1. 如填空题 7-1 图所示，aOc 为一折成∠形的金属导线（$aO=Oc=L$），位于 xy 平面中，磁感应强度为 $\boldsymbol{B}$ 的均匀磁场垂直于 xy 平面。当 aOc 以速度 $\boldsymbol{v}$ 沿 x 轴正向运动时，导线上 a、c 两点间电势差为________，______点电势高。当 aOc 以速度 $\boldsymbol{v}$ 沿 y 轴正向运动时，a、c 两点的电势差为__________，________点电势高。

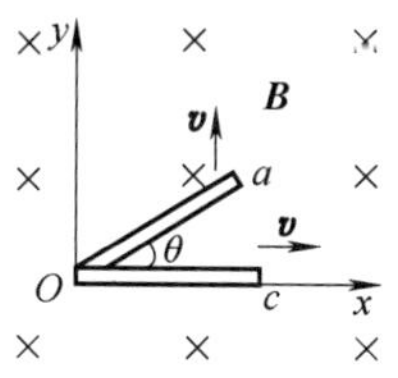

填空题 7-1 图

2. 一根长度为 L 的铜棒在均匀磁场 $\boldsymbol{B}$ 中以匀角速度 ω 旋转，$\boldsymbol{B}$ 的方向垂直于铜棒转动的平面，如填空题 7-2 图所示，设 $t=0$ 时，铜棒与 Ob 成 θ 角，则在任一时刻 t 这根铜棒两端之间的感应电动势是____________。

3. 均匀磁场局限在半径为 R 的无限长圆柱形空间内，场中有一根长为 R 的金属杆 MN，其位置如填空题 7-3 图所示，如果磁场的变化率 $\mathrm{d}B/\mathrm{d}t$ 均匀增加，那么杆两端的电势差 U_{MN} 为____________。

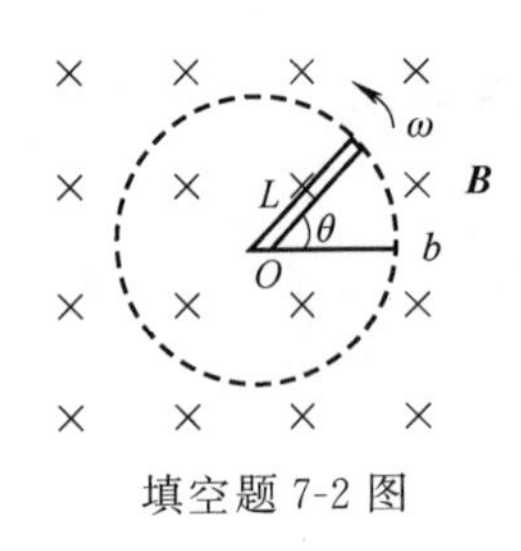

填空题 7-2 图

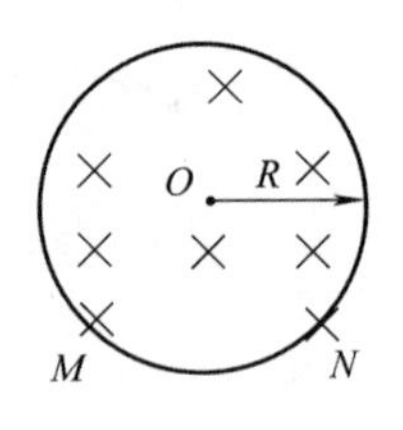

填空题 7-3 图

三、计算题

1. 如计算题 7-1 图所示，一段长度为 l 的导线 MN 水平放置在载有电流 I 的竖直长导线旁（与竖直导线共面），并由图示位置自由下落，求 t 秒末导线两端的电势差 $U_M - U_N$。

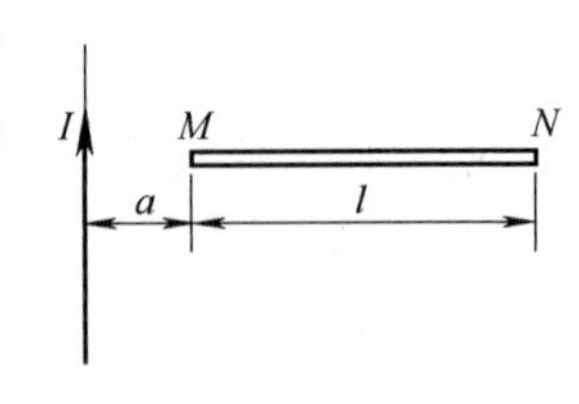

计算题 7-1 图

2. 如计算题 7-2 图所示，一长直导线中通有电流 I，另有一垂直于导线、长度为 l 的金属棒 AB 在包含导线的平面内，以恒定的速度 $\boldsymbol{v}$ 沿与棒成 θ 角的方向移动，开始时，棒距导线的距离为 a，求任意时刻金属棒中的动生电动势，并指出棒哪端的电势高。

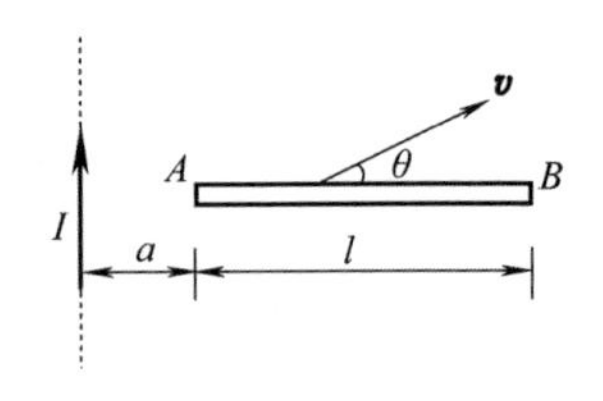

计算题 7-2 图

3. 如计算题 7-3 图所示，等边三角形金属框的边长为 l，放在均匀磁场中，ab 边平行于磁感应强度 $\boldsymbol{B}$，当金属框绕 ab 边以角速度 ω 转动时，求：(1) bc 边上沿 bc 的电动势；(2) ca 边上沿 ca 的电动势；(3) 金属框内的总电动势（规定电动势沿 $abca$ 绕向为正值）。

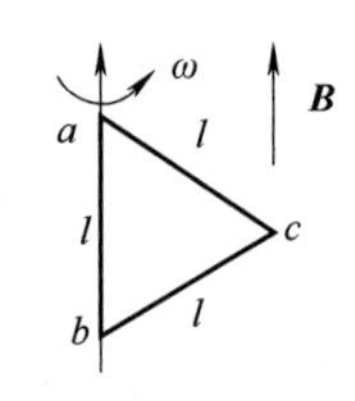

计算题 7-3 图

4. 如计算题 7-4 图所示，两根平行放置、相距为 $2a$ 的无限长载流直导线，其中一根通以稳恒电流 I_0，另一根通以交变电流 $i=I_0\cos\omega t$。两导线间有一与其共面的矩形线圈，线圈的边长分别为 l 和 $2b$，l 边与长直导线平行，且线圈以速度 $\boldsymbol{v}$ 垂直直导线向右运动。当线圈运动到两导线的中心位置（即线圈中心线与距两导线均为 a 的中心线重合）时，两导线中的电流方向恰好相反，且 $i=I_0$，求此时线圈中的动生电动势、感生电动势和总感应电动势。

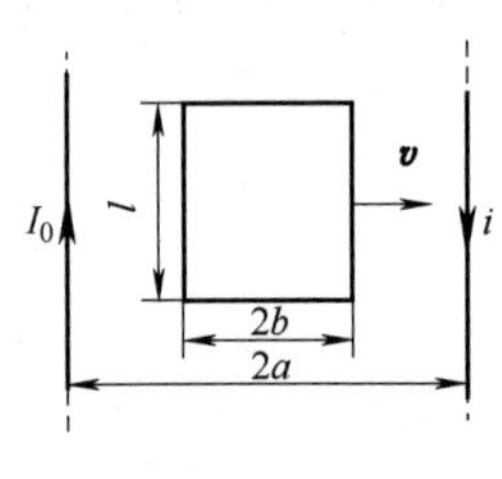

计算题 7-4 图

练习八　自感与互感

专业________　学号________　姓名________　成绩________

相关知识点： 自感电动势、线圈的自感、互感电动势、线圈的互感

教学基本要求：

（1）理解自感和互感的概念。

（2）掌握简单情况下线圈的自感和互感的计算方法。

一、选择题

1. 单匝线圈取自感的定义式为 $L=\Phi/I$。当线圈的几何形状、大小及周围磁介质分布不变，且无铁磁性物质时，若线圈中的电流变小，则线圈的自感 L（　　）

（A）变大，与电流成反比关系。　（B）变小。　（C）不变。

（D）变大，但与电流不成反比关系。

2. 已知一螺绕环的自感为 L，若将该螺绕环锯成两个半环式的螺线管，则两个半环螺线管的自感（　　）

（A）都等于 $L/2$。　（B）有一个大于 $L/2$。另一个小于 $L/2$。

（C）都大于 $L/2$。　（D）都小于 $L/2$。

3. 两个通有电流的平面圆线圈相距不远，要使其互感近似为零，应调整线圈的取向使（　　）

（A）两线圈平面都平行于两圆心连线。

（B）两线圈平面都垂直于两圆心连线。

（C）一个线圈平面平行于两圆心连线，另一个线圈平面垂直于两圆心连线。

（D）两线圈中的电流方向相反。

4. 有两个线圈，线圈 1 对线圈 2 的互感为 M_{21}，而线圈 2 对线圈 1 的互感 M_{12}。若它们分别流过 i_1 和 i_2 的变化电流，且 $\left|\frac{\mathrm{d}i_1}{\mathrm{d}t}\right|>\left|\frac{\mathrm{d}i_2}{\mathrm{d}t}\right|$，并设由 i_2 变化在线圈 1 中产生的互感电动势为 $\mathscr{E}_{12}$，由 i_1 变化在线圈 2 中产生的互感电动势为 $\mathscr{E}_{21}$，问下述论断哪个正确？（　　）

（A）$M_{12}=M_{21}$，$\mathscr{E}_{21}=\mathscr{E}_{12}$。　（B）$M_{12}\neq M_{21}$，$\mathscr{E}_{21}\neq\mathscr{E}_{12}$。

（C）$M_{12}=M_{21}$，$\mathscr{E}_{21}>\mathscr{E}_{12}$。　（D）$M_{12}=M_{21}$，$\mathscr{E}_{21}<\mathscr{E}_{12}$。

二、填空题

1. 长为 l 的单层密绕管共绕有 N 匝导线，螺线管的自感为 L，换用直径比原来导线直径大一倍的导线密绕，自感为原来的________。

2. 线圈中通过的电流 I 随时间 t 变化的曲线如填空题 8-2 图所示。试定性画出自感电动势 $\mathscr{E}_L$ 随时间变化的曲线（以 I 的正向作为 $\mathscr{E}$ 的正向）。

3. 如填空题 8-3 图所示，有一根无限长直导线绝缘地紧贴在矩形线圈的中心轴 OO' 上，则直导线与矩形线圈间的互感为__________。

填空题 8-2 图

填空题 8-3 图

4. 面积为 S 的平面线圈置于磁感应强度为 $\boldsymbol{B}$ 的均匀磁场中。若线圈以匀角速度 ω 绕位于线圈平面内且垂直于 $\boldsymbol{B}$ 方向的固定轴旋转，在时刻 $t=0$，$\boldsymbol{B}$ 与线圈平面垂直，则任意时刻 t 通过线圈的磁通量为________，线圈中的感应电动势为________。若均匀磁场 $\boldsymbol{B}$ 是由通有电流 I 的线圈所产生，且 $B=kI$（k 为常量），则旋转线圈相对于产生磁场的线圈的最大互感为________。

三、计算题

1. 一个薄壁纸筒的长为 30cm，截面直径为 3.0cm，筒上绕有 500 匝线圈，纸筒内用 $\mu_r=5000$ 的铁心充满，求线圈的自感。(保留三位有效数字)

2. 在一自感线圈中，电流在 0.002s 内均匀地由 10A 增加到 12A，此过程中线圈内的自感电动势为 400V，(1) 求线圈的自感 L；(2) 若线圈的自感为 0.25H，当线圈中的电流在 0.01s 内由 2A 均匀地减小到零时，求线圈中自感电动势的大小。

3. 两根平行导线各载有大小相等、方向相反的电流，已知两根导线的截面半径都为 a，中心轴相距为 d ($d\gg a$)，如果两导线内部的磁通量忽略不计，求这一对导线单位长度上的自感。

4. 两个共轴圆线圈，半径分别为 R 和 r，匝数分别为 N_1 和 N_2，相距为 l，设 r 很小，且小线圈所在处磁场可以视为均匀的，求两线圈的互感。

5. 两同轴长直螺线管，大管套着小管，半径分别为 a 和 b，长为 l ($l\gg a$，$a>b$)，匝数分别为 N_1 和 N_2，求互感 M。

四、简答题

用金属丝绕成的标准电阻要求无自感，怎样绕制才能达到这一要求？为什么？

练习九　磁场的能量　电磁感应综合

专业________　学号________　姓名________　成绩________

相关知识点：载流线圈的自感磁能、磁场能量密度、磁场能量

教学基本要求：

(1) 理解磁场能量密度的概念，掌握磁场能量的计算方法。

(2) 回顾总结电磁感应中的基本概念和基本规律，并会正确应用。

一、选择题

1. 用线圈的自感 L 所表示的载流线圈磁场能量的公式 $W_m=\frac{1}{2}LI^2$　(　　)

(A) 只适用于无限长密绕螺线管。

(B) 只适用于单匝圆线圈。

(C) 只适用于一个匝数很多，且密绕的螺绕环。

(D) 适用于自感 L 一定的任意线圈。

2. 如选择题 9-2 图所示，两个线圈 P 和 Q 并联地接到一电动势恒定的电源上。线圈 P 的自感和电阻分别是线圈 Q 的两倍，线圈 P 和 Q 之间的互感可忽略不计。当达到稳定状态后，线圈 P 的磁场能量与 Q 的磁场能量的比值是　(　　)

(A) 4。　(B) 2。　(C) 1。　(D) 1/2。

选择题 9-2 图

3. 两根很长的平行直导线，其间距离为 a，与电源组成闭合回路，如选择题 9-3 图所示。已知导线上的电流为 I，在保持 I 不变的情况下，若将导线间的距离增大，则空间的　(　　)

(A) 总磁能将增大。

(B) 总磁能将减少。

(C) 总磁能将保持不变。

(D) 总磁能的变化不能确定。

选择题 9-3 图

二、填空题

1. 真空中两只长直螺线管 1 和 2 的长度相等，单层密绕匝数相同，直径之比 $d_1:d_2=1:4$。当它们通以相同电流时，两螺线管储存的磁能之比为 $W_1:W_2=$ ________。

2. 当自感 $L=0.3\text{H}$ 的螺线管中通以 $I=8\text{A}$ 的电流时，螺线管存储的磁场能量 $W=$________。

3. 长为 l、截面积为 S 的载流长直螺线管均匀密绕着 N 匝线圈，并且通有电流 I，则管内储存的磁场能量为________________。

4. 两个长度相同、匝数相同、截面积不相同的长直螺线管，通以相同大小的电流，若将小螺线管完全放入大螺线管里（两者轴线重合），且使两者产生的磁场方向一致，则小螺线管内的磁能密度是原来的________；若使两螺线管产生的磁场方向相反，则小螺线管中的磁能密度为________（忽略边缘效应）。

5. 半径为 R 的无限长柱形导体上均匀流有电流 I，该导体材料的相对磁导率 $\mu_r=1$，则在导体轴线上一点的磁场能量密度为 $w_m=$__________，在与导体轴线相距 r 处（$r<R$）的磁场能量密度 $w_m=$______________。

三、计算题

1. 一螺绕环单位长度上的线圈匝数为 $n=10$ 匝/cm。环心材料的磁导率 $\mu=\mu_0$。问在电流 I 为多大时，线圈中磁场的能量密度 $w=1\ \text{J/m}^3$？($\mu_0=4\pi\times10^{-7}\ \text{T}\cdot\text{mA}^{-1}$)

2. 真空中两条相距 $2a$ 的平行长直导线，通以方向相同、大小相等的电流 I，O、P 两点与两导线在同一平面内，与导线的距离如计算题 9-2 图所示，求：（1）图中 O 点的磁场能量密度 w_{mO}。（2）P 点的磁场能量密度 w_{mP}。

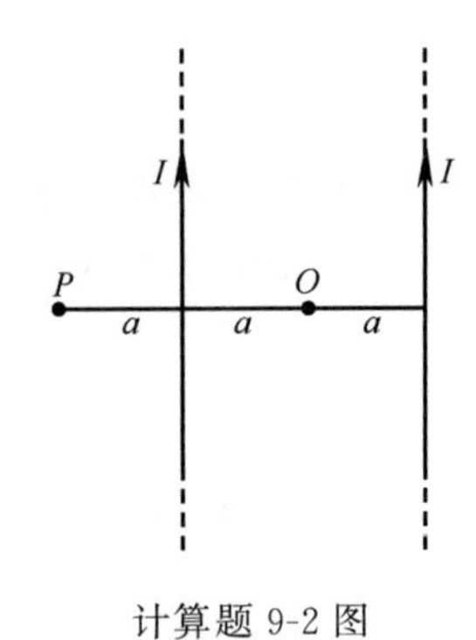

计算题 9-2 图

3. 有两个长直密绕螺线管，它们的长度及线圈匝数均相同，半径分别为 r_1 和 r_2。管内充满均匀介质，其磁导率分别为 μ_1 和 μ_2。设 $r_1:r_2=1:2$，$\mu_1:\mu_2=2:1$，在将两只螺线管串联在电路中通电稳定后，问两者的自感的比值 $L_1:L_2$ 和磁能的比值 $W_{m1}:W_{m2}$ 分别是多少？

4. 一无限长直导线的横截面积各处的电流密度均相等，总电流为 I，求单位长度导线内所储存的磁能。

5. 如计算题 9-5 图所示，一根电缆由实心柱状金属心（相对磁导率 $\mu_{r1}=1$）和外包的同轴薄壁金属圆筒构成，金属心和壁之间充满相对磁导率为 $\mu_{r2}>1$ 的绝缘材料（均匀且各向同性），其内外半径分别为 R_1 和 R_2，设金属心上的电流在其截面上均匀分布。假设圆筒上的电流均匀分布在薄壁上，求：

（1）当电流为 I 时，单位长度电缆内储存的磁能。

（2）电缆单位长度的自感。

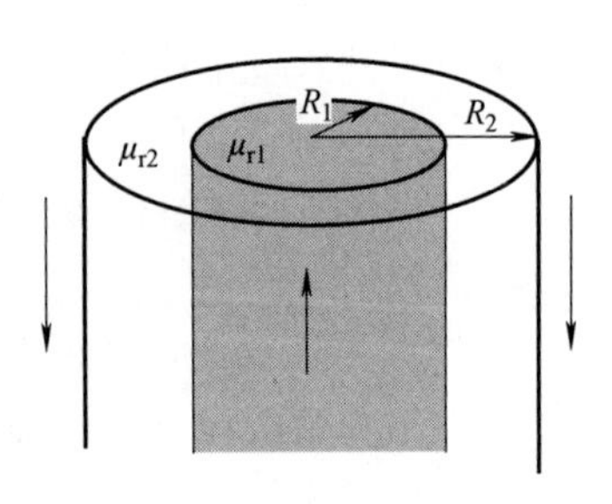

计算题 9-5 图

练习十　位移电流　麦克斯韦方程组

专业________　学号________　姓名________　成绩________

相关知识点：位移电流假说、麦克斯韦方程组的积分形式

教学基本要求：

（1）了解麦克斯韦位移电流假说，理解位移电流的概念。

（2）了解麦克斯韦方程组的积分形式及其物理意义。

一、选择题

1. 如选择题10-1图所示，当平板电容器（忽略边缘效应）充电时，沿环路 L_1 的磁场强度 $\boldsymbol{H}$ 的环流与沿环路 L_2 的磁场强度 $\boldsymbol{H}$ 的环流两者之间，必有（　　）

(A) 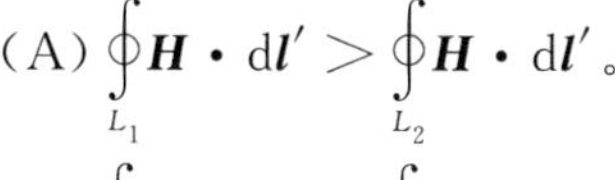 $\oint_{L_1} \boldsymbol{H} \cdot \mathrm{d}\boldsymbol{l}' > \oint_{L_2} \boldsymbol{H} \cdot \mathrm{d}\boldsymbol{l}'$。　(B) 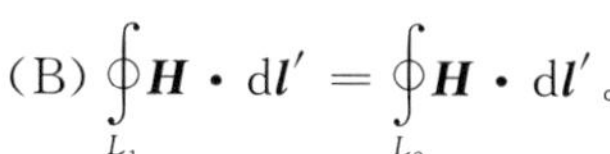 $\oint_{L_1} \boldsymbol{H} \cdot \mathrm{d}\boldsymbol{l}' = \oint_{L_2} \boldsymbol{H} \cdot \mathrm{d}\boldsymbol{l}'$。

(C) 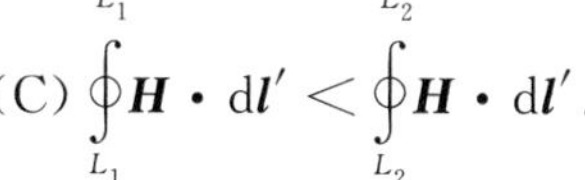 $\oint_{L_1} \boldsymbol{H} \cdot \mathrm{d}\boldsymbol{l}' < \oint_{L_2} \boldsymbol{H} \cdot \mathrm{d}\boldsymbol{l}'$。　(D) 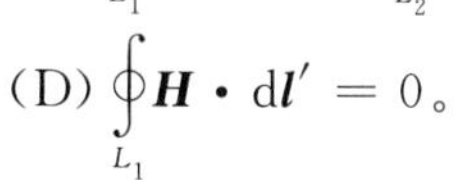 $\oint_{L_1} \boldsymbol{H} \cdot \mathrm{d}\boldsymbol{l}' = 0$。

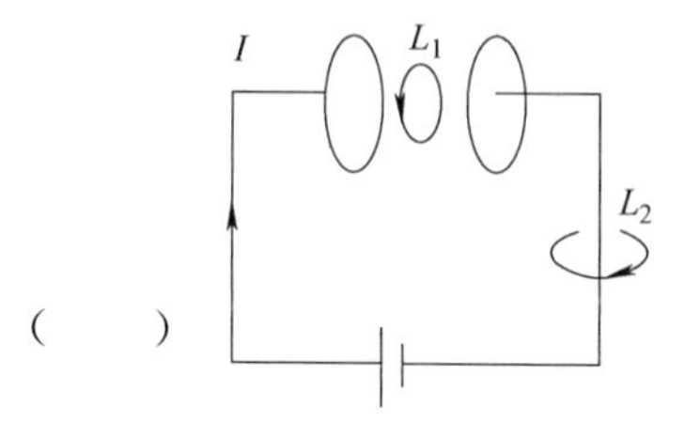

选择题10-1图

2. 对位移电流，有下述四种说法，请指出哪一种说法正确。（　　）

（A）位移电流是指变化电场。

（B）位移电流是由线性变化磁场产生的。

（C）位移电流的热效应服从焦耳-楞次定律。

（D）位移电流的磁效应不服从安培环路定理。

3. 将导线围成如选择题10-3图所示的回路（以 O 点为圆心的圆，加一直径），放在轴线通过 O 点垂直于图面的圆柱形均匀磁场中，若磁场方向垂直图面向里，其大小随时间减小，则感应电流的流向为下图中的哪一个？（　　）

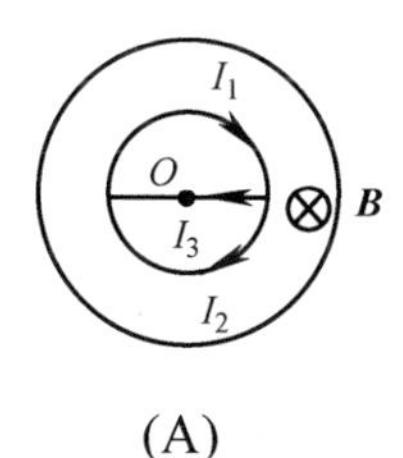

(A)　(B)

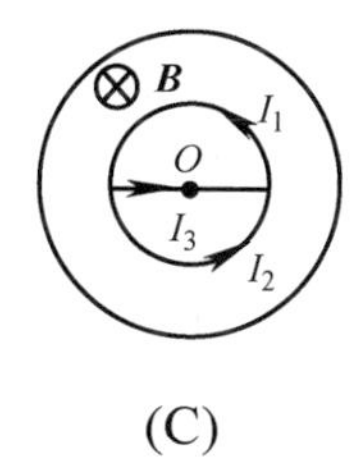

(C)

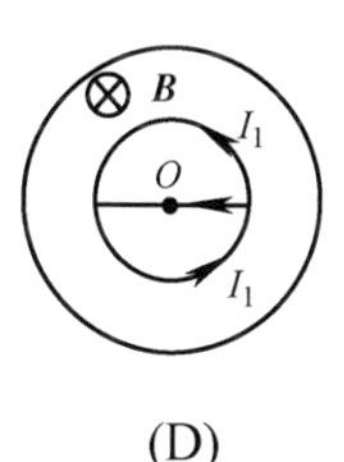

(D)

选择题10-3图

4. 如选择题10-4图所示，空气中有一无限长金属薄壁圆筒，在其表面上沿圆周方向均匀地流着一层随时间变化的面电流 $i(t)$，则（　　）

（A）圆筒内均匀地分布着变化的磁场和变化的电场。

（B）任意时刻通过圆筒内假想的任一球面的磁通量和电通量均为零。

（C）沿圆筒外任意闭合环路上磁感应强度的环流不为零。

（D）沿圆筒内任意闭合环路上电场强度的环流为零。

选择题10-4图

二、填空题

1. 圆形平行板电容器如填空题10-1图所示，从 $q=0$ 开始充电，试画出充电过程中，极板间某点 P 处电场强度 $\boldsymbol{E}$ 的方向和磁场强度 $\boldsymbol{H}$ 的方向。

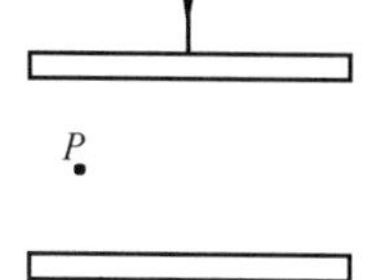

填空题10-1图

2. 一圆柱体的横截面如填空题10-2图所示，圆柱体内有一均匀电场 $\boldsymbol{E}$，其方向垂直纸面向内，$\boldsymbol{E}$ 的大小随时间 t 线性增加，P 为柱体内与轴线相距为 r 的一点，则：（1）P 点的位移电流密度的方向为________。（2）P 点感生磁场的方向为________。

3. 一平行板空气电容器的两极板都是半径为 R 的圆形导体片，在充电时，板间电场强度的变化率为 $\mathrm{d}E/\mathrm{d}t$。若略去边缘效应，则两板间的位移电流为____________。

4. 由两个圆形金属板组成的平行板电容器，其极板面积为 A，将该电容器接于交流电源时，极板上的电荷随时间变化，即 $q=q_0\sin\omega t$，则电容器内的位移电流密度为____________。

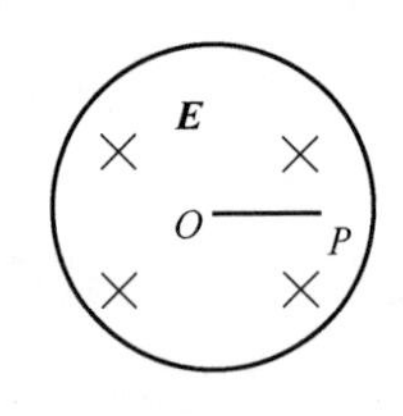

填空题 10-2 图

三、计算题

1. 平行板电容器的电容 C 为 20.0μF，两板上的电压变化率 $\mathrm{d}U/\mathrm{d}t=1.50\times10^5\,\mathrm{V\cdot s^{-1}}$，求平行板电容器中的位移电流。

2. 半径为 r 的两块圆形平板组成的平行板电容器充了电，在放电时两板间的电场强度的大小与时间的关系为 $E=E_0\mathrm{e}^{-t/(RC)}$，其中 E_0、R、C 均为常数，试确定两板间的位移电流密度矢量的大小和方向。

3. 一球形电容器，内导体半径为 R_1，外导体半径为 R_2。两球间充有相对介电常数为 ε_r 的介质。在电容器上加电压，内球对外球的电压为 $U=U_0\sin\omega t$。假设 ω 不太大，以致电容器电场分布与静态场的情形近似相同，求介质中各处的位移电流密度，并计算通过半径为 r（$R_1<r<R_2$）的球面的总位移电流。

四、简答题

1. 写出麦克斯韦方程组的积分形式，并说明其物理意义。

2. 如简答题 10-2 图所示，图 a 是充电后切断电源的平行板电容器，图 b 是一直与电源相接的电容器。当两极板间距离相互靠近或分离时，试判断在两种情况下极板间有无位移电流，并说明原因。

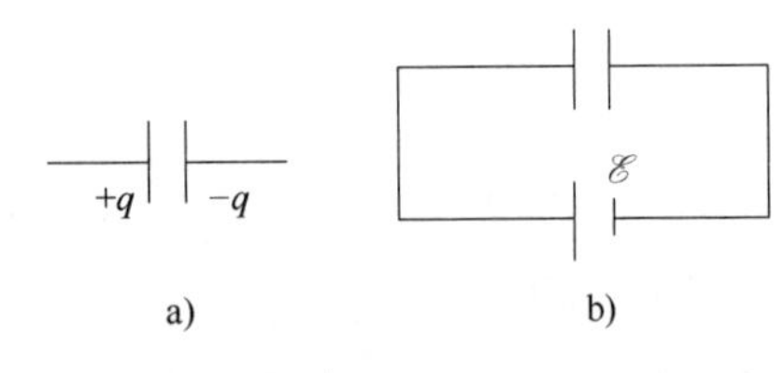

简答题 10-2 图

练习十一　简谐运动（一）

专业________　学号________　姓名________　成绩________

相关知识点： 简谐运动、简谐运动方程、简谐运动的三个特征量[振幅、频率（周期）、相位]、简谐运动的动力学方程

教学基本要求：

（1）理解简谐运动的运动方程，掌握描述简谐运动的解析法和图像法。

（2）理解简谐运动三个特征量的物理意义，会根据初始条件确定三个特征量。

（3）理解简谐运动的动力学特征，能根据条件建立一维简谐运动的动力学方程，判断简谐运动并求出其周期。

一、选择题

1. 选择题 11-1 图中三条曲线分别表示简谐运动中的位移 x、速度 v 和加速度 a。下列说法中哪一个是正确的？（　　）

（A）曲线 3、1、2 分别表示 x、v、a 曲线。

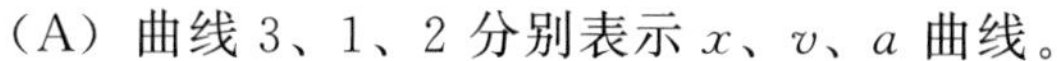

（B）曲线 2、1、3 分别表示 x、v、a 曲线。

（C）曲线 1、3、2 分别表示 x、v、a 曲线。

（D）曲线 2、3、1 分别表示 x、v、a 曲线。

（E）曲线 1、2、3 分别表示 x、v、a 曲线。

选择题 11-1 图

2. 如选择题 11-2 图所示，一弹簧振子，当把它水平放置时，它做简谐运动，若把它竖直放置或放在光滑斜面上，以下情况正确的是哪一个？（　　）

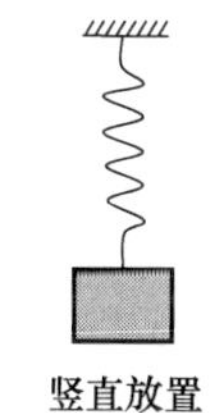

竖直放置　放在光滑斜面上

选择题 11-2 图

（A）竖直放置做简谐运动，放在光滑斜面上不做简谐运动。

（B）竖直放置不做简谐运动，放在光滑斜面上做简谐运动。

（C）两种情况都做简谐运动。

（D）两种情况都不做简谐运动。

3. 一个弹簧振子和一个单摆（只考虑小幅度摆动），它们在地面上的固有振动周期分别为 T_1 和 T_2。将它们拿到月球上去，相应的周期分别为 T'_1 和 T'_2，则有（　　）

（A）$T'_1>T_1$ 且 $T'_2>T_2$。　（B）$T'_1<T_1$ 且 $T'_2<T_2$。

（C）$T'_1=T_1$ 且 $T'_2=T_2$。　（D）$T'_1=T_1$ 且 $T'_2>T_2$。

4. 一轻弹簧上端固定，下端挂有质量为 m 的重物，其自由振动的周期为 T。今已知振子离开平衡位置为 x 时，其振动速度为 v，加速度为 a，则下列计算该振子劲度系数的公式中，错误的是（　　）

（A）$k=\dfrac{mv_{\max}^2}{x_{\max}^2}$。　（B）$k=\dfrac{ma}{x}$。　（C）$k=\dfrac{mg}{x}$。　（D）$k=\dfrac{4\pi^2 m}{T^2}$。

二、填空题

1. 一水平弹簧振子的振动曲线如填空题 11-1 图所示，若振子处在位移为零、速度为 $-\omega A$、加速度为零和弹性力为零的状态，则对应曲线上的________点；若振子处在位移的绝对值为 A、速度为零、加速度为 $-\omega^2 A$ 和弹性力为 $-kA$ 的状态，则对应曲线上的________点。

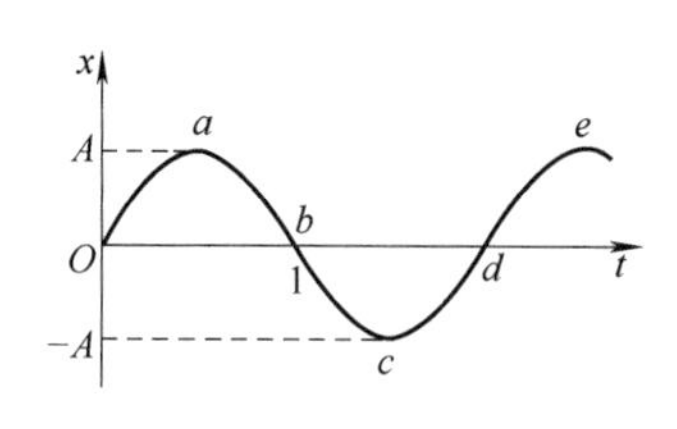

填空题 11-1 图

2. 一质量为 m 的质点在力 $F=-\pi^2 x$ 的作用下沿 x 轴运动，其运动的周期为________。

3. 一弹簧振子做简谐运动，振幅为 A，周期为 T，其运动方程用余弦函数表示。若 $t=0$ 时，（1）振子在负的最大位移处，则初相为________；（2）振子在平衡位置向正方向运

动，则初相为________；(3) 振子在位移为 $A/2$ 处，且向负方向运动，则初相为________。

4. 把单摆摆球从平衡位置向位移正方向拉开，使摆线与竖直方向成一微小角度 θ，然后由静止放手任其振动，从放手时开始计时。若用余弦函数表示其运动方程，则该单摆振动的初相为________。

5. 一物体沿 x 轴方向做余弦运动，振幅为 15×10^{-2} m，角频率为 $6\pi\ \mathrm{s}^{-1}$，初相为 0.5π，则振动方程为________________。

6. 两质点各自做简谐运动，二者振幅相同、周期相同。第一个质点的振动方程为 $x_1=A\cos(\omega t+\alpha)$。当第一个质点从相对于其平衡位置的正位移处回到平衡位置时，第二个质点恰好在最大正位移处，则第二个质点的振动方程为______________________。

三、计算题

1. 一物体做简谐运动，其振动方程为 $x=0.04\cos(5\pi t/3-\pi/2)$(m)。试求：(1) 简谐运动的周期 T；(2) 当 $t=0.6$s 时，物体的速度 v。

2. 一简谐运动的表达式为 $x=A\cos(3t+\varphi)$，已知 $t=0$ 时的初位移为 0.04m，初速度为 0.09m/s，试求其振幅 A 和初相 φ。

3. 质量为 2kg 的质点，按方程 $x=0.2\sin(5t-\pi/6)$(SI)沿着 x 轴振动。求：

(1) 当 $t=0$ 时，作用于质点的力的大小；

(2) 作用于质点的力的最大值和此时质点的位置。

4. 在一竖直轻弹簧的下端悬挂一小球，弹簧被拉长 $l_0=1.2$cm 而平衡。再经拉动后，该小球在竖直方向做振幅为 $A=2$cm 的振动，试证明此振动为简谐运动。选小球在正最大位移处开始计时，写出此振动的数学表达式。

练习十二　简谐运动（二）

专业________　学号________　姓名________　成绩________

相关知识点： 简谐运动的旋转矢量表示、简谐运动的能量特征、典型的简谐运动系统

教学基本要求：

（1）掌握描述简谐运动的旋转矢量法。

（2）理解简谐运动的能量特征，会用能量法分析简谐运动。

（3）了解阻尼振动和受迫振动的基本特征，了解共振的应用和避免共振的方法。

一、选择题

1. 一个质点做简谐运动，振幅为 A，在起始时刻质点的位移为 $A/2$，且向 x 轴的正方向运动，选择题 12-1 图中代表此简谐运动的旋转矢量图为哪一个？（　　）

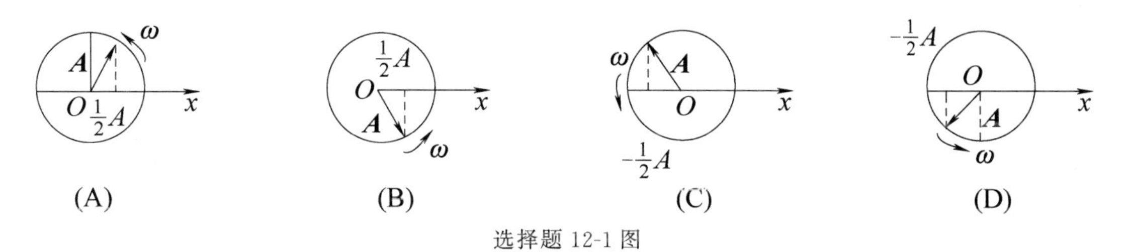

选择题 12-1 图

2. 已知一质点沿 y 轴做简谐运动，其振动方程为 $y=A\cos(\omega t+3\pi/4)$，选择题 12-2 图中，与之对应的振动曲线是哪一个？（　　）

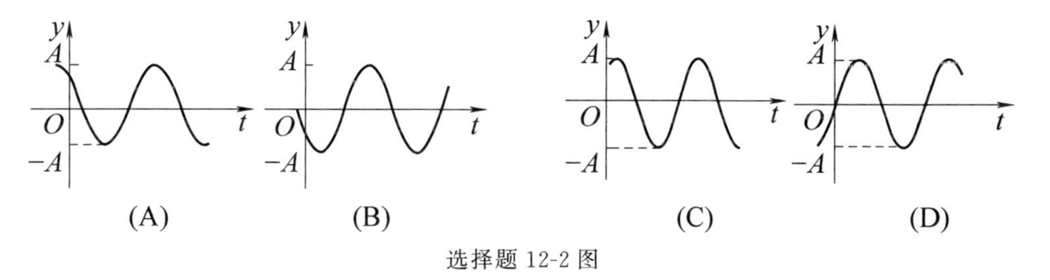

选择题 12-2 图

3. 两个同周期简谐运动的曲线如选择题 12-3 图所示，x_1 的相位比 x_2 的相位（　　）

（A）落后 $\pi/2$。　（B）超前 $\pi/2$。　（C）落后 π。　（D）超前 π。

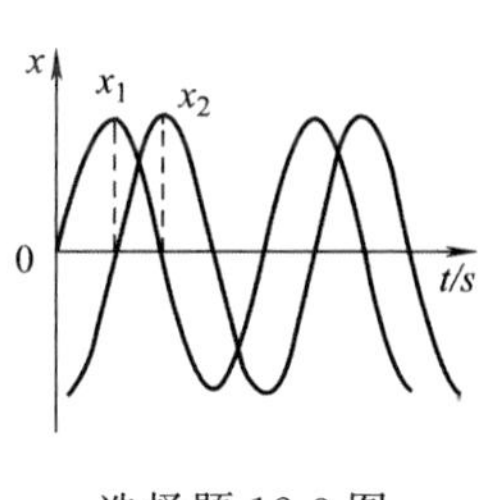

选择题 12-3 图

4. 一质量为 1.0kg 的物体与一劲度系数为 $900\text{N}\cdot\text{m}^{-1}$ 的弹簧相连做阻尼振动，阻尼系数 $\gamma=10.0\text{s}^{-1}$。为了使振动持续，现给振动系统加上一个周期性的外力 $F=100\cos30t(\text{N})$，则振动物体达到稳定状态时的振动角频率为（　　）

（A）26.5rad/s。　（B）30rad/s。　（C）33.2rad/s。　（D）36.5rad/s。

二、填空题

1. 填空题 12-1 图中用旋转矢量图示法表示了一个简谐运动，旋转矢量的长度为 0.04m，旋转角速度 $\omega=4\pi$ rad/s，此简谐运动以余弦函数表示的振动方程为 $x=$________________。

2. 用余弦函数描述一简谐振子的振动。若其速度-时间（v-t）关系曲线如填空题 12-2 图所示，则振动的初相位为__________。

3. 一简谐运动的振动曲线如填空题 12-3 图所示，相应的以余弦函数表示的该振动方程为 $x=$________。

4. 一质点沿 x 轴做简谐运动，振动范围的中心点为原点，已知周期为 T，振幅为 A。若 $t=0$ 时质点处于 $x=A/2$ 处，且向 x 轴负方向运动，则振动方程为 $x=$________________。

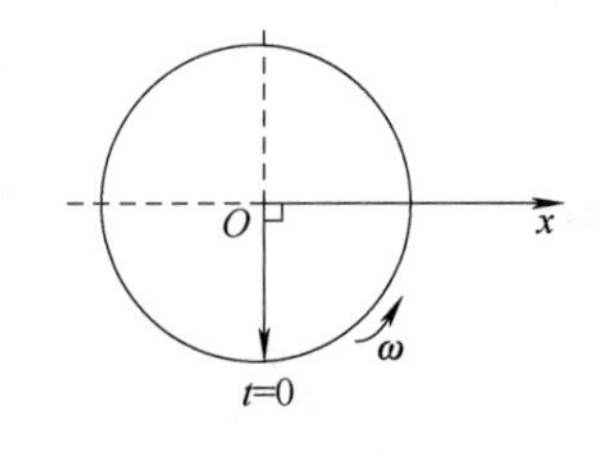

填空题 12-1 图

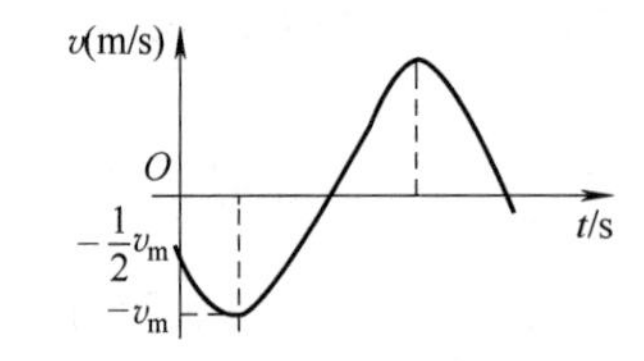

填空题 12-2 图

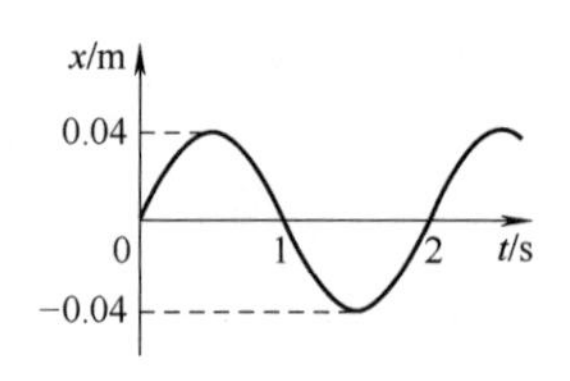

填空题 12-3 图

三、计算题

1. 已知某简谐运动的振动曲线如计算题 12-1 图所示，位移的单位为 cm，时间的单位为 s，求此简谐运动的振动方程。

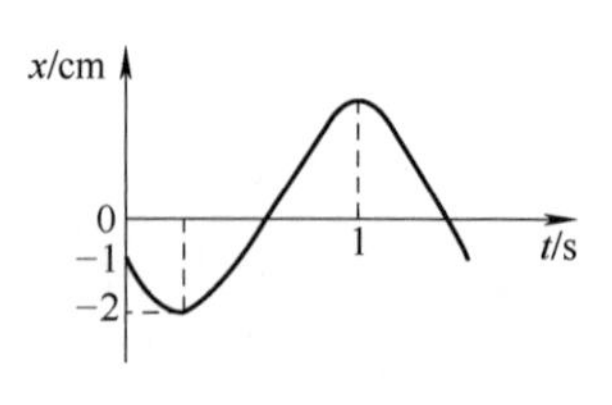

计算题 12-1 图

2. 如计算题 12-2 图所示，劲度系数为 k、质量为 m_0 的弹簧振子静止地放置在光滑的水平面上，一质量为 m 的子弹以水平速度 v_1 射入弹簧振子中，并与之一起运动。选子弹与弹簧振子开始共同运动的时刻为 $t=0$，求振动的固有角频率、振幅和初相位。

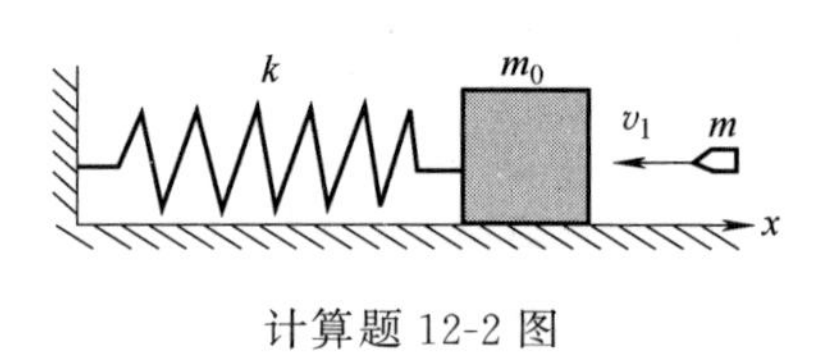

计算题 12-2 图

3. 一质点做简谐运动，其振动方程为 $x=6.0\times10^{-2}\cos(\pi t/3-\pi/4)$(m)。问：

(1) 当 x 值为多大时，系统的势能为总能量的一半？

(2) 质点从平衡位置移动到此位置所需最短时间为多少？

4. 如计算题 12-4 图所示，轻质弹簧的一端固定，另一端系一轻绳，轻绳绕过滑轮连接一质量为 m 的物体，绳在轮上不打滑，使物体上下自由振动。已知弹簧的劲度系数为 k，滑轮的半径为 R，转动惯量为 J。

(1) 试用能量法证明物体做简谐运动；

(2) 求物体的振动周期。

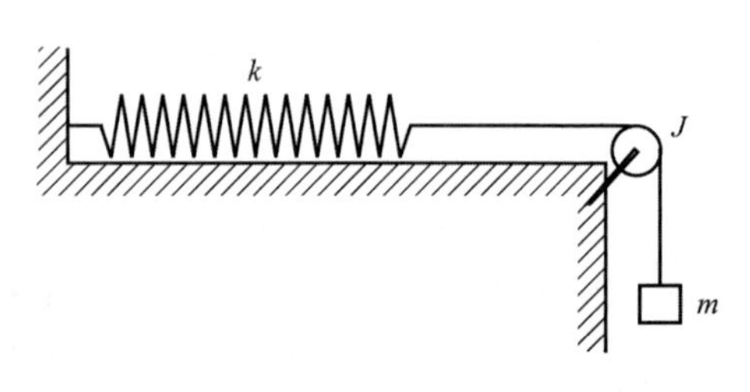

计算题 12-4 图

练习十三　简谐运动的合成　振动综合

专业________　　学号________　　姓名________　　成绩________

相关知识点： 两个或几个同方向同频率简谐运动的合成规律、拍现象、李萨如图形、共振现象

教学基本要求：

（1）会用解析法、旋转矢量法求解频率相同、振动方向平行的简谐运动的合成问题，掌握频率相同、振动方向平行的简谐运动的合成规律。

（2）了解频率不同、振动方向平行的简谐运动的合成规律，了解拍现象及拍的形成条件。

（3）了解频率相同、振动方向互相垂直的两个简谐运动的合成规律和李萨如图形的形成。

一、选择题

1. 一个振子的两个分振动方程分别为 $x_1=3\cos(50\pi t+0.25\pi)$ 和 $x_2=4\cos(50\pi t+0.75\pi)$（SI），则它们的合振动表达式为　（　　）

（A）$x=2\cos(50\pi t+0.25\pi)$。　　（B）$x=5\cos(50\pi t)$。

（C）$x=5\cos\left(50\pi t+\frac{\pi}{2}+\arctan\frac{1}{7}\right)$。　　（D）$x=7$。

2. 选择题 13-2 图中所画的是两个简谐运动的振动曲线，若这两个简谐运动可叠加，则合成的余弦振动的初相为　（　　）

（A）$3\pi/2$。　（B）π。　（C）$\pi/2$。　（D）0。

选择题 13-2 图

3. 为测定某音叉 C 的频率，可选定两个频率已知的音叉 A 和 B，先使频率为 800Hz 的音叉 A 和音叉 C 同时振动，每秒钟听到两次强音；再使频率为 797Hz 音叉 B 和 C 同时振动，每秒钟听到一次强音，则音叉 C 的频率应为　（　　）

（A）800Hz。　（B）799Hz。　（C）798Hz。　（D）797Hz。

4. 把单摆摆球从平衡位置向位移正方向拉开，使摆线与竖直方向成一微小角度 θ，然后由静止放手任其振动，从放手时开始计时。若用余弦函数表示其运动方程，则该单摆振动的初相为（　　）

（A）π。　（B）$\pi/2$。　（C）0。　（D）θ。

二、填空题

1. 两个同方向、同频率的简谐运动，其振动表达式分别为 $x_1=6\times10^{-2}\cos(5t+\pi/2)$（SI），$x_2=2\times10^{-2}\cos(\pi/2-5t)$（SI），则它们的合振动振幅为________，初相为________。

2. 一振子的两个分振动方程分别为 $x_1=4\cos3t$，$x_2=2\cos(3t+\pi)$，则其合振动方程为________。

3. 填空题 13-3 图所示为两个简谐运动的振动曲线。若以余弦函数表示这两个振动的合成结果，则合振动的方程为________（SI）。

4. 两个同方向、同频率的简谐运动，其合振动的振幅为 0.2m，合振动的相位与第一个简谐运动的相位差为 $\pi/6$，若第一个简谐运动的振幅为 $\sqrt{3}\times10^{-1}$m，则第二个简谐运动的振幅为________m，第一、二两个简谐运动的相位差为________。

填空题 13-3 图

5. 一质点同时参与了三个简谐运动，它们的振动方程分别为 $x_1=A\cos(\omega t+\pi/3)$，$x_2=A\cos(\omega t+\pi)$，$x_1=A\cos(\omega t+5\pi/3)$，其合成运动的运动方程为 $x=$________。（提示：用旋转矢量法）

三、计算题

1. 有两个同方向、同频率的简谐运动，它们的振动表达式分别为

$$x_1=0.05\cos\left(10t+\frac{3}{4}\pi\right),x_2=0.06\cos\left(10t+\frac{1}{4}\pi\right)\text{(SI)}$$

（1）求它们合成振动的振幅和初相位。

（2）若另有一振动 $x_3=0.07\cos(10t+\varphi_0)$，问：$\varphi_0$ 为何值时，x_1+x_3 的振幅为最大？φ_0 为何值时，x_2+x_3 的振幅为最小？

2. 如计算题13-2图所示，质量为 m 的物体，由劲度系数分别为 k_1 和 k_2 的两根轻弹簧连接，在光滑导轨上做微小振动，试求其振动频率。

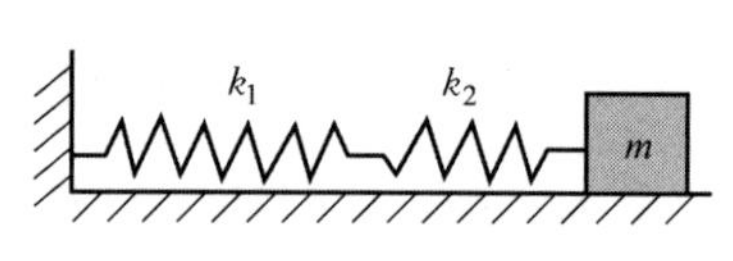

计算题13-2图

3. 如计算题13-3图所示，一劲度系数为 k 的轻弹簧，一端固定在墙上，另一端连接一质量为 m_1 的物体，放在光滑的水平面上。将一质量为 m_2 的物体跨过一质量为 m、半径为 R 的定滑轮与质量为 m_1 的物体相连，证明系统做简谐运动，并求系统的振动圆频率。

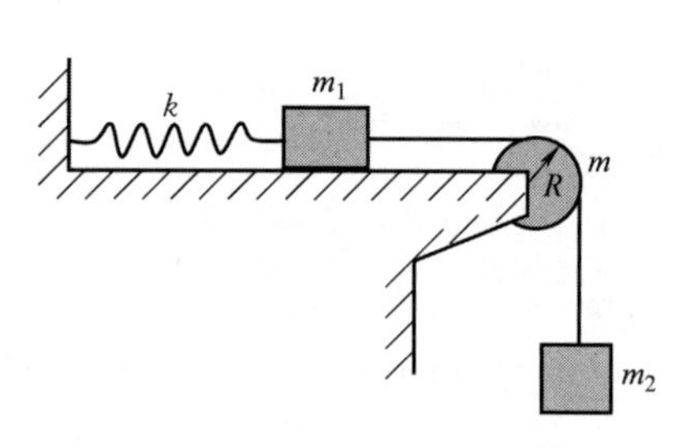

计算题13-3图

练习十四　平面简谐波的波函数（一）　波动的基本概念

专业________　学号________　姓名________　成绩________

相关知识点：机械波、简谐波、波长、波动周期（频率）、波速、简谐波波函数、波形曲线

教学基本要求：

（1）理解机械波产生的条件和波动的物理本质；理解简谐波以及研究简谐波的意义。

（2）理解波长、波速、频率的意义及三者之间的关系。

（3）理解波函数的物理意义，掌握由已知点的简谐运动得出平面简谐波波函数的方法。

一、选择题

1. 若一平面简谐波的波函数为 $y=A\cos(Bt-Cx)$，其中，A、B、C 为正的常量，则　（　　）

（A）波速为 C。　（B）周期为 $1/B$。　（C）波长为 $2\pi/C$。　（D）角频率为 $2\pi/B$。

2. 当一平面简谐波通过两种不同的均匀介质时，不会改变的物理量是　（　　）

（A）波长和频率。　（B）波速和频率。　（C）波长和波速。　（D）频率和周期。

3. 在下面几种说法中，正确的说法是哪一个？　（　　）

（A）波源不动时，波源的振动周期与波动的周期在数值上是不同的。

（B）波源振动的速度与波速相同。

（C）在波传播方向上的任一质点振动相位总是比波源的相位滞后。

（D）在波传播方向上的任一质点的振动相位总是比波源的相位超前。

4. 把一根很长的绳子拉成水平，用手握其一端。维持拉力恒定，使绳端在垂直于绳子的方向上做简谐运动，则　（　　）

（A）频率越高，波长越长。　（B）频率越低，波长越长。

（C）频率越高，波速越大。　（D）频率越低，波速越大。

5. 下列函数 $f(x,t)$ 可表示弹性介质中的一维波动，其中，A、a 和 b 是正的常量。以下哪个函数表示沿 x 轴负向传播的行波？　（　　）

（A）$f(x,t)=A\cos(ax+bt)$。　（B）$f(x,t)=A\cos(ax-bt)$。

（C）$f(x,t)=A\cos ax\cdot\cos bt$。　（D）$f(x,t)=A\sin ax\cdot\sin bt$。

二、填空题

1. 一横波沿绳子传播时，波的表达式为 $y=0.05\cos(4\pi x-10\pi t)$（SI），则其波长为__________，波速为__________，频率为__________。

2. 如填空题14-2图所示，一平面简谐波沿 x 轴正向传播，坐标原点 O 的振动规律为 $y=A\cos(\omega t+\varphi_0)$，则 B 点的振动方程为______________，坐标为 x_1 和 x_2 两点的振动相位差是________。

填空题 14-2 图

3. 一列沿 x 轴正向传播的平面简谐波，其周期为 0.5s，波长为 2m，则在原点处质点的振动相位传到 $x=4$m 处所需要的时间为________。

4. 一个余弦横波以速度 u 沿 x 轴正向传播，t 时刻波形曲线如填空题14-4图所示。试分别指出图中 A、B、C 各点处介质质元在该时刻的运动方向：A：________；B：________；C：________。

填空题 14-4 图

5. 一平面简谐机械波沿 x 轴正方向传播，波函数为 $y=-0.2\cos\left(\pi t-\frac{1}{2}\pi x\right)$（m），则 $x=-3$m 处介质质点的振动加速度 a 的表达式为______________。

三、计算题

1. 如计算题14-1图所示，一平面简谐波沿 Ox 轴正向传播，波速大小为 u，若 P 处质点振动方程为 $y_P = A\cos(\omega t+\varphi)$，求：（1）$O$ 处质点的振动方程；（2）该波的波函数。

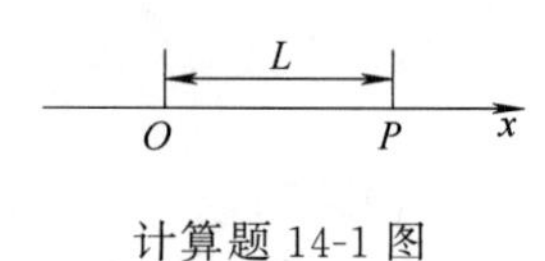

计算题14-1图

2. 计算题14-2图为一平面简谐波在 $t=0$ 时刻的波形图，试写出 P 处质点与 Q 处质点的振动方程，并画出 P 处质点与 Q 处质点的振动曲线，其中波速 $u=20\text{m/s}$。

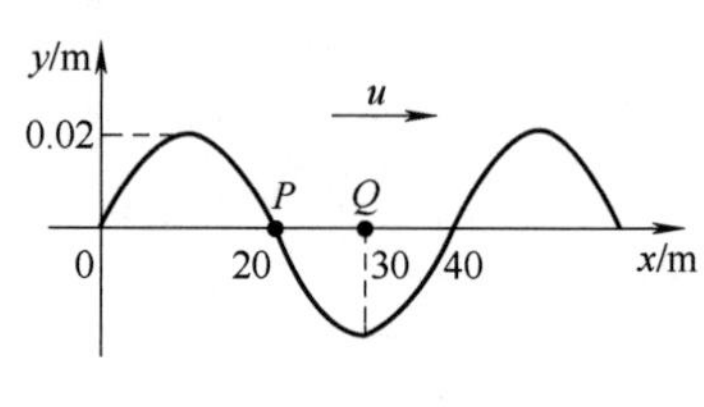

计算题14-2图

3. 一平面简谐波沿 x 轴正向传播，其振幅和圆频率分别为 A 和 ω，波速为 u，设 $t=0$ 时的波形曲线如计算题14-3图所示。（1）写出此波的波函数；（2）求距 O 点分别为 $\lambda/8$ 和 $3\lambda/8$ 两处质点的振动方程；（3）求距 O 点分别为 $\lambda/8$ 和 $3\lambda/8$ 两处的质点在 $t=0$ 时的振动速度。

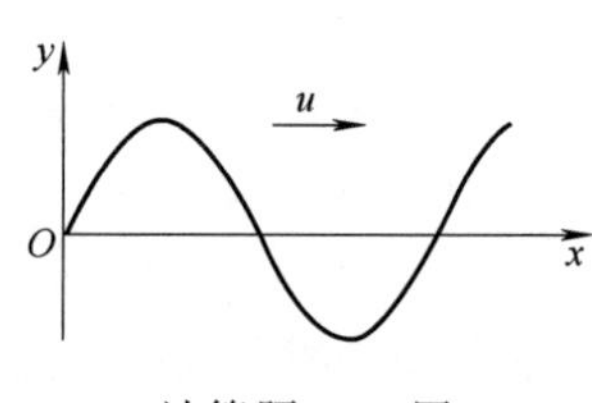

计算题14-3图

4. 沿 x 轴负方向传播的平面简谐波在 $t=2\text{s}$ 时刻的波形曲线如计算题14-4图所示，设波速 $u=0.5\text{m/s}$，求原点处的振动方程。

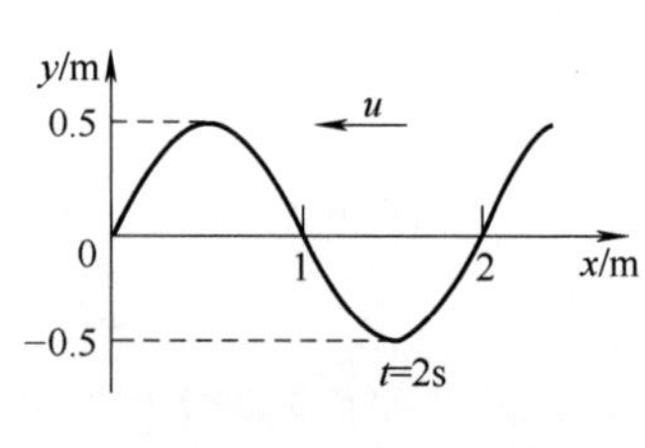

计算题14-4图

练习十五　平面简谐波的波函数（二）
波的能量　波的衍射

专业________　**学号**________　**姓名**________　**成绩**________

相关知识点： 平面简谐波波函数的物理意义、波形曲线、波动能量、能量密度与能流密度、声强与声强级、波的衍射、惠更斯原理

教学基本要求：

（1）掌握一维平面简谐波波函数的建立方法；理解波函数及波动曲线的物理意义。

（2）了解波的能量传播特性；了解能量密度、能流、能流密度的概念。

（3）了解波的衍射现象；了解惠更斯原理；了解惠更斯原理对波的反射、折射现象的解释。

一、选择题

1. 一平面简谐波沿 Ox 轴正方向传播，波函数为 $y=0.10\cos\left[2\pi\left(\frac{t}{2}-\frac{x}{4}\right)+\frac{\pi}{2}\right]$ （SI），该波在 $t=0.5\text{s}$ 时刻的波形图是选择题 15-1 图中的哪一个？（　　）

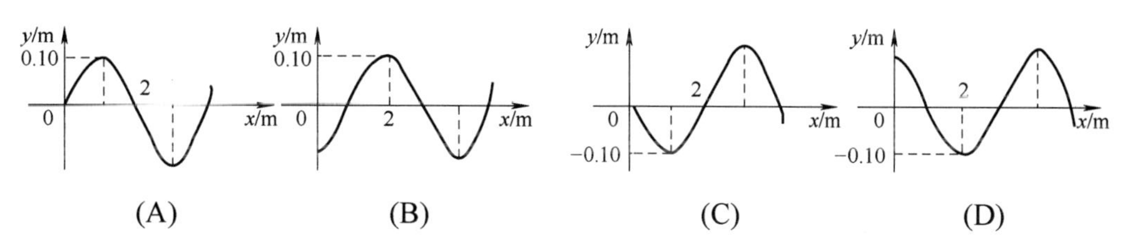

选择题 15-1 图

2. 选择题 15-2 图为一平面简谐波在 $t=0$ 时刻的波形图，该波的波速 $u=200\text{m/s}$，则 P 处质点的振动曲线为下图中的哪一个？（　　）

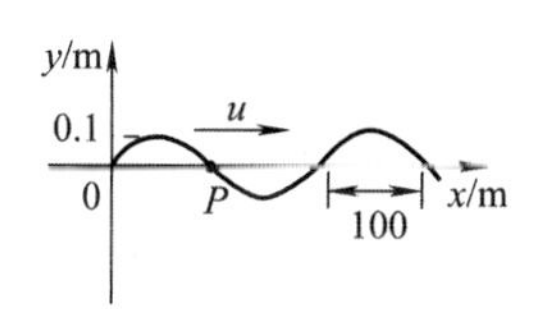

选择题 15-2 图

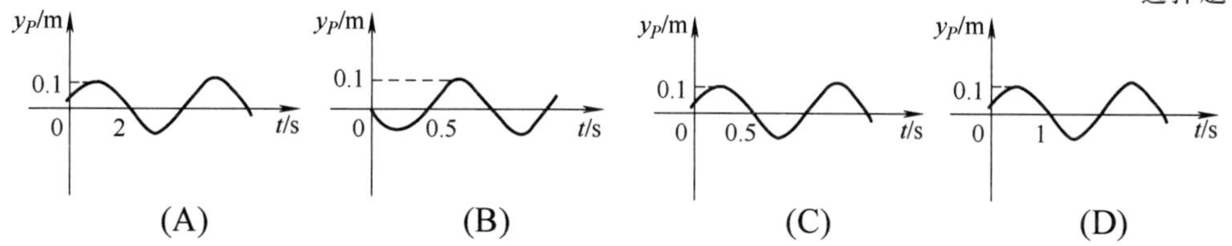

3. 波的能量随平面简谐波传播，下列几种说法中正确的是（　　）

（A）因简谐波传播到的各介质体积元均做简谐振动，故其能量守恒。

（B）各介质体积元在平衡位置处的动能、势能最大，总能量最大。

（C）各介质体积元在平衡位置处的动能最大，势能最小。

（D）各介质体积元在最大位移处的势能最大，动能为 0。

4. 一平面简谐波在弹性介质中传播，在介质质元从平衡位置运动到最大位移处的过程中（　　）

（A）它的动能转换成势能。

（B）它的势能转换成动能。

（C）它把自身的能量传给相邻的一段质元，其能量逐渐增大。

（D）它把自身的能量传给相邻的一段质元，其能量逐渐减小。

二、填空题

1. 频率为 100Hz、传播速度为 300m/s 的平面简谐波，波线上距离小于波长的两点振动的相位差为

$\pi/3$，则此两点相距__________。

2. 一平面简谐波沿 x 轴正方向传播，波速 $u=100\text{m/s}$，$t=0$ 时刻的波形曲线如填空题 15-2 图所示，可知波长 $\lambda=$________，振幅 $A=$________，频率 $\nu=$________，O 点的振动初相 $\varphi=$____________。

填空题 15-2 图

3. 在同一介质中两列相干的平面简谐波的强度之比 $I_1/I_2=4$，则两列波的振幅之比 $A_1/A_2=$________。

4. 当一平面简谐机械波在介质中传播时，若一介质质元在 t 时刻的能量是 10J，则在 $(t+T)$（T 是波的周期）时刻该介质质元的振动动能是__________。

5. 波强为 I 的平面简谐波沿着波速 $\boldsymbol{u}$ 的方向通过一面积为 S 的平面，波速 $\boldsymbol{u}$ 与该平面的法线 $\boldsymbol{n}_0$ 的夹角为 θ，则通过该平面的平均能流是______________。

三、计算题

1. 一平面简谐波的振动周期 $T=1/2\text{s}$，波长 $\lambda=10\text{m}$，振幅 $A=0.1\text{m}$。当 $t=0$ 时，波源振动的位移恰好为正方向的最大值。若坐标原点和波源重合，且波沿 Ox 轴正方向传播，求：(1) 此波的波函数；(2) 在 $t_1=T/4$ 时刻，$x_1=\lambda/4$ 处质点的位移；(3) 在 $t_2=T/2$ 时刻，$x_1=\lambda/4$ 处质点的振动速度。

2. 如计算题 15-2 图所示，一平面波在介质中以波速 $u=20\text{m/s}$ 沿 x 轴负方向传播，已知 A 点的振动方程为 $y=3\times10^{-2}\cos4\pi t$ (SI)。

(1) 以 A 点为坐标原点写出波的表达式；

(2) 以距 A 点 5m 处的 B 点为坐标原点，写出波的表达式。

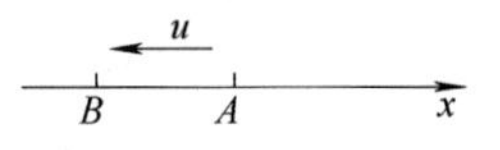

计算题 15-2 图

3. 一平面简谐波在截面面积为 $3.00\times10^{-2}\text{m}^2$ 的空气管中传播，设空气中的声速为 330m/s。若在 10s 内通过截面的能量为 $2.70\times10^{-2}\text{J}$，求：(1) 波的平均能流；(2) 波的平均能流密度；(3) 波的平均能量密度。

四、简答题

如简答题 15-1 图所示，在平面波传播方向上有一障碍物 AB，根据惠更斯原理，定性地绘出波绕过障碍物传播的情况。

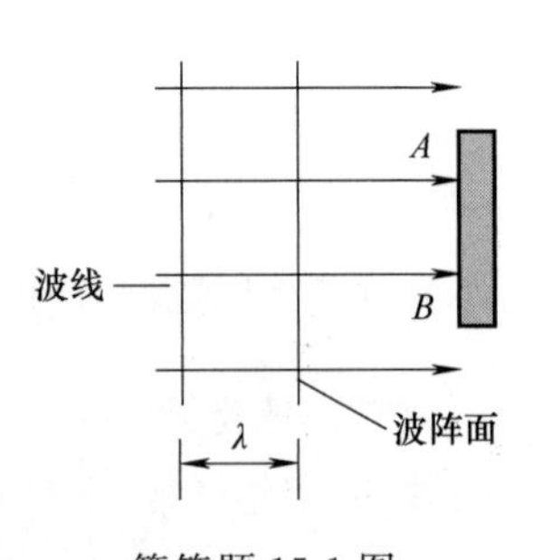

简答题 15-1 图

练习十六　波的干涉　驻波

专业________　学号________　姓名________　成绩________

相关知识点： 波的叠加原理、相干波、驻波、半波损失

教学基本要求：

（1）理解波的叠加原理和相干条件；掌握干涉加强和干涉减弱的规律。

（2）理解驻波形成条件及其特征，了解半波损失；理解驻波方程，并会计算波腹和波节的位置；了解驻波的应用。

一、选择题

1. 如选择题 16-1 图所示，两列波长为 λ 的相干波在 P 点相遇。波在 S_1 点振动的初相是 φ_1，S_1 到 P 点的距离是 r_1；波在 S_2 点的初相是 φ_2，S_2 到 P 点的距离是 r_2，以 k 代表零或正、负整数，则 P 点是干涉极大的条件为（　）

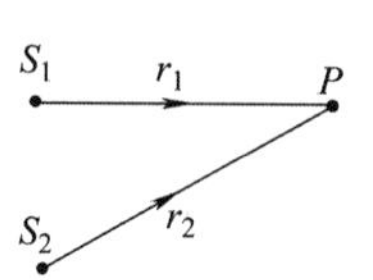

选择题 16-1 图

（A）$r_2-r_1=k\lambda$。

（B）$\varphi_2-\varphi_1=2k\pi$。

（C）$\varphi_2-\varphi_1=2k\pi+2\pi(r_2-r_1)/\lambda$。

（D）$\varphi_2-\varphi_1=2k\pi+2\pi(r_1-r_2)/\lambda$。

2. S_1 和 S_2 是波长均为 λ 的两相干波波源，相距 $3\lambda/4$，S_1 的相位比 S_2 超前 $\pi/2$。若两波单独传播，在过 S_1 和 S_2 的直线上各点的波的强度相同，不随距离变化，且两波的强度都是 I_0，则在 S_1、S_2 连线上，S_1 外侧和 S_2 外侧各点，合成波的强度分别是（　）

（A）$4I_0$，$4I_0$。　（B）0，0。　（C）0，$4I_0$。　（D）$4I_0$，0。

3. 在弦线上有一简谐波，其表达式为 $y=2.0\times10^{-2}\cos\left[100\pi\left(t+\dfrac{x}{20}\right)-\dfrac{4}{3}\pi\right]$，为了在此弦线上形成驻波，并且在 $x=0$ 处为一波腹，此弦线上还应有一简谐波，其表达式为（　）

（A）$y=2.0\times10^{-2}\cos\left[100\pi\left(t-\dfrac{x}{20}\right)+\dfrac{1}{3}\pi\right]$。　（B）$y=2.0\times10^{-2}\cos\left[100\pi\left(t-\dfrac{x}{20}\right)+\dfrac{4}{3}\pi\right]$。

（C）$y=2.0\times10^{-2}\cos\left[100\pi\left(t-\dfrac{x}{20}\right)-\dfrac{1}{3}\pi\right]$。　（D）$y=2.0\times10^{-2}\cos\left[100\pi\left(t-\dfrac{x}{20}\right)-\dfrac{4}{3}\pi\right]$。

4. 选择题 16-4 图中画出一向右传播的简谐波在 t 时刻的波形图，BC 为波密介质的反射面，波由 P 点反射，则反射波在 t 时刻的波形图为下图中的哪一个？（　）

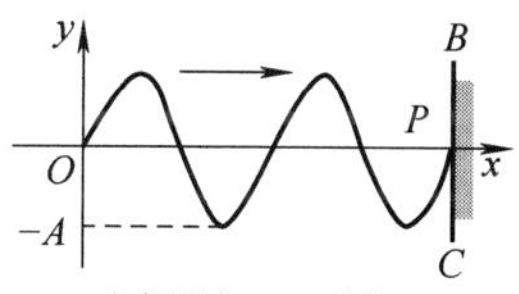

选择题 16-4 图

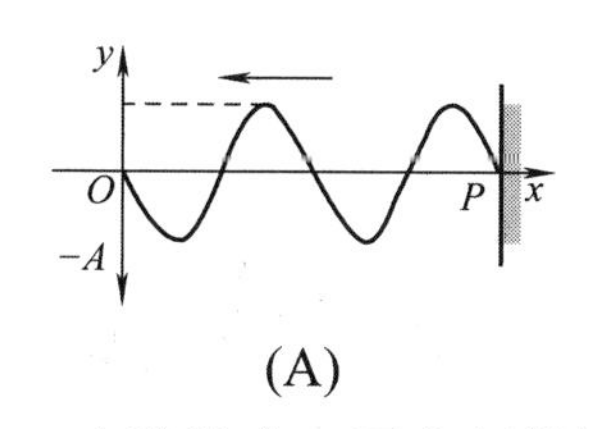

(A)

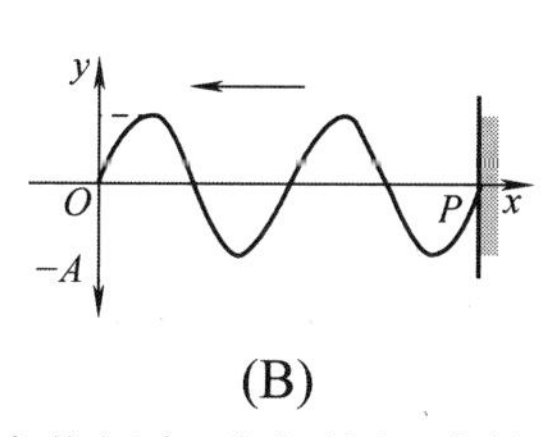

(B)

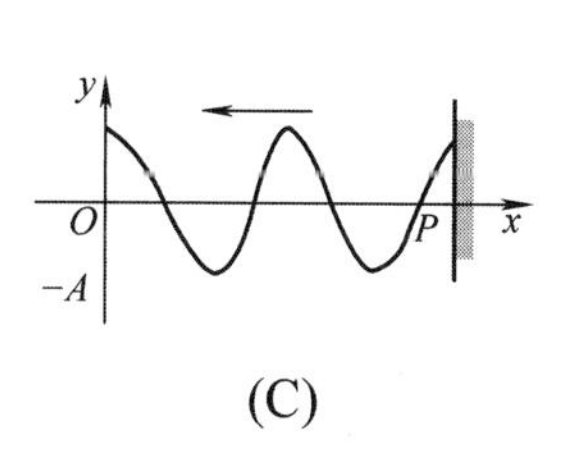

(C)

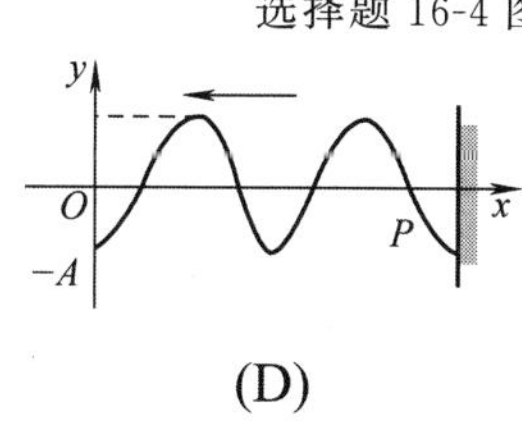

(D)

5. 在驻波中，两个相邻波节间各质点的振动是（　）

（A）振幅相同，相位相同。　（B）振幅不同，相位相同。

（C）振幅相同，相位不同。　（D）振幅不同，相位不同。

二、填空题

1. 两相干波源 S_1 和 S_2，相距为 $3\lambda/2$，其初相位相同，且振幅均为 1.0×10^{-2}m，则在波源 S_1 和 S_2 连线的中垂线上任意一点，两列波的相位差为________，两列波叠加后的振幅为____________。

2. 两相干波源 S_1 和 S_2 的振动方程分别是 $y_1=A\cos\omega t$ 和 $y_2=A\cos(\omega t+\pi/2)$。$S_1$ 距 P 点 3 个波长，

S_2 距 P 点 21/4 个波长。两波在 P 点引起的两个振动的相位差是__________。

3. 如填空题 16-3 图所示，S_1 和 S_2 为同相位的两相干波源，相距为 L，P 点距 S_1 为 r。波源 S_1 在 P 点引起的振动振幅为 A_1，波源 S_2 在 P 点引起的振动振幅为 A_2，两波波长都是 λ，则 P 点的振幅 $A=$______________。

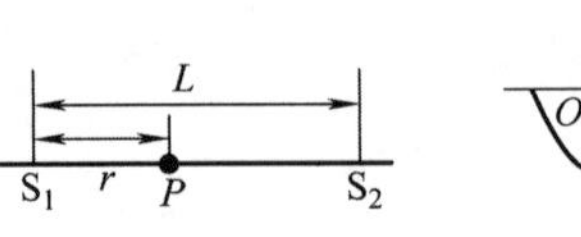

填空题 16-3 图

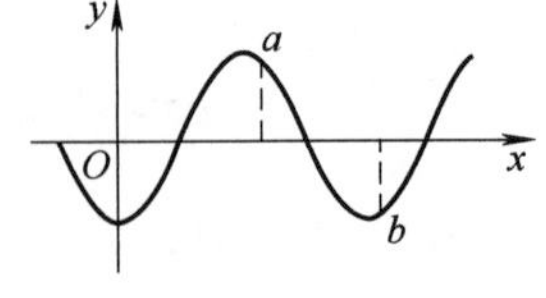

填空题 16-4 图

4. 某时刻驻波波形曲线如填空题 16-4 图所示，则 a、b 两点处振动的相位差是____________。

5. 在波长为 λ 的驻波中，两个相邻波腹之间的距离为________，两个相邻波节之间的距离为________。

三、计算题

1. 两个相干点波源 S_1 和 S_2，它们的振动方程分别是 $y_1=A\cos(\omega t+\pi/2)$ 和 $y_2=A\cos(\omega t-\pi/2)$。波从 S_1 传到 P 点经过的路程等于 2 个波长，波从 S_2 传到 P 点的路程等于 7/2 个波长。设两列波的波速相同，在传播过程中振幅不衰减，求两波传到 P 点的振动的合振幅。

2. 如计算题 16-2 图所示，三列同频率、振动方向相同（垂直纸面）的简谐波，传播过程中在 O 点相遇。若三列简谐波各自单独在 S_1、S_2 和 S_3 处的振动方程分别为 $y_1=A\cos(\omega t+\pi/2)$，$y_2=A\cos\omega t$ 和 $y_3=2A\cos(\omega t-\pi/2)$，且 $S_2O=4\lambda$，$S_1O=S_3O=5\lambda$（λ 为波长），求 O 点的合振动方程（设传播过程中各波振幅不变）。

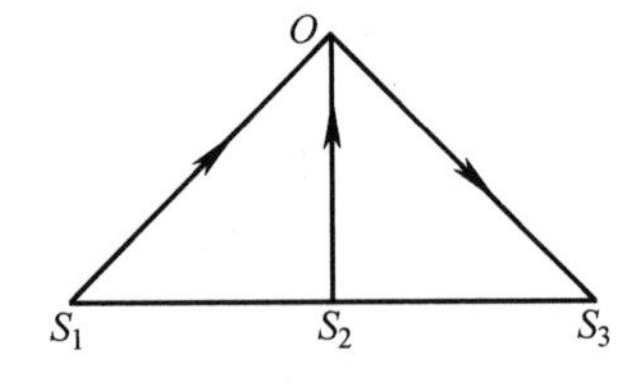

计算题 16-2 图

3. 在固定端 $x=0$ 处反射的反射波的表达式是 $y_2=A\cos[2\pi(\nu t-x/\lambda)]$，设反射波无能量损失，求：(1) 入射波的表达式 y_1；(2) 形成的驻波的表达式 y。

4. 两列波在一根很长的细绳上传播，它们的方程分别为

$$y_1=0.06\cos\pi(x-4t),\quad y_2=0.06\cos\pi(x+4t)$$（x、y 以 m 计；t 以 s 计）

(1) 求各波的频率、波长、波速和传播方向；(2) 证明细绳实际上是在做驻波式振动，并求波节位置和波腹位置；(3) 波腹处的振幅多大？在 $x=1.2\text{m}$ 处振幅多大？

练习十七　多普勒效应　波动综合　电磁波简介

专业________　学号________　姓名________　成绩________

相关知识点： 多普勒现象、机械波多普勒公式、电磁波、坡印亭矢量

教学基本要求：

（1）了解多普勒现象；理解机械波的多普勒公式；会计算波源和观察者沿两者连线方向运动时接收频率的变化；了解多普勒效应的应用。

（2）了解坡印亭矢量；了解电磁波的性质及其应用。

一、选择题

1. 在下面几种说法中，正确的说法是　（　　）

（A）接收器接收到的频率总是等于声源的频率。

（B）介质中的波动频率总是等于声源的频率。

（C）接收器运动时接收到的频率一定不等于声源的频率。

（D）以上说法都不对。

2. 一机车汽笛频率为 750Hz，机车以 90km/h 的时速远离静止的观察者。关于观察者听到的声音的频率，以下说法正确的是哪一个？（设空气中声速为 340m/s）　（　　）

（A）比 750Hz 大。　（B）比 750Hz 小。　（C）仍为 750Hz。　（D）不能确定。

3. 当电磁波在自由空间传播时，电场强度 $\boldsymbol{E}$ 和磁场强度 $\boldsymbol{H}$　（　　）

（A）在垂直于传播方向的同一条直线上。　（B）朝互相垂直的两个方向传播。

（C）互相垂直，且都垂直于传播方向。　（D）有相位差 π。

4. 在真空中沿着 z 轴负方向传播的平面电磁波，其磁场强度的波的表达式为 $H_x=-H_0\cos[\omega(t+z/c)]$，则电场强度的波的表达式为　（　　）

（A）$E_y=\sqrt{\mu_0/\varepsilon_0}H_0\cos[\omega(t+z/c)]$。　（B）$E_x=\sqrt{\mu_0/\varepsilon_0}H_0\cos[\omega(t+z/c)]$。

（C）$E_y=-\sqrt{\mu_0/\varepsilon_0}H_0\cos[\omega(t+z/c)]$。　（D）$E_y=-\sqrt{\mu_0/\varepsilon_0}H_0\cos[\omega(t-z/c)]$。

二、填空题

1. 设声波在介质中的传播速度为 u，声源的频率为 ν_S，若声源 S 不动，而接收器 R 相对于介质以速度 v_R 沿着 S、R 连线向着声源 S 运动，则在 S、R 连线上各介质点的振动频率为________，接收器接收到的声波频率为________。

2. 设空气中的声速为 330m/s。一列火车以 30m/s 的速度行驶，火车上汽笛的频率为 600Hz。一静止的观察者在火车的正前方听到的声音的频率是________，在火车驶过其身边后所听到的声音的频率是________。

3. 一声源的频率为 1080Hz，相对地面以 30m/s 的速率向右运动。设空气中的声速为 331m/s，则在声源运动的前方，地面上的观察者接收到的声波波长为________；在声源运动的后方，地面上的观察者接收到的声波波长为________。

4. 在真空中，一电磁波的波动方程为：$B_y=B_0\cos\left[\omega\left(t-\frac{z}{c}\right)\right]$，$B_x=B_z=0$，则该电磁波的传播方向为________________；传播速度的大小为________________。

5. 电磁波是________波，其在真空中的传播速度________，传播过程中，电场强度矢量与磁场强度矢量始终________且________。

6. 设入射波的表达式是 $y_1=0.15\cos\left[100\pi\left(t-\frac{x}{200}\right)+\frac{\pi}{2}\right]$（m），波在 $x=0$ 处发生反射，反射点为自由端，则反射波的表达式为________________，形成的驻波的表达式为________________。

三、计算题

1. 正在报警的警钟每隔 0.5s 响一次。有一人正坐在以 72 km/h 的速度向警钟所在地驶去的火车里，那么这个人在 1min 内听到的响声有多少次？（设声音在空气中的传播速度是 340m/s。）

2. 利用多普勒效应监测车速，固定波源发出频率为 100kHz 的超声波，当汽车向波源行驶时，与波源安装在一起的接收器接收到从汽车反射回来的波的频率为 110kHz。已知空气中的声速为 330m/s，求车速。

3. 如计算题 17-3 图所示，两相干波源 S_1 和 S_2 相距 $\frac{3\lambda}{4}$，λ 为波长，设两波在 S_1 与 S_2 的连线上传播时，它们的振幅都是 A，并且不随距离变化。已知在该直线上位于 S_1 左侧各点的合成波强度为其中一个波强度的 4 倍，问两波源的初相位差是多少？

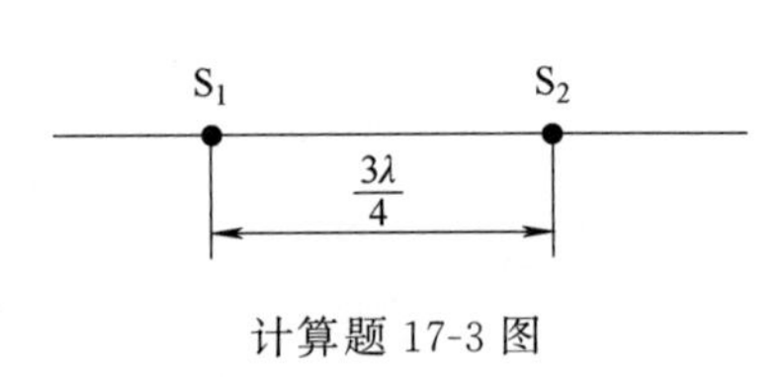

计算题 17-3 图

4. 入射波的波动方程为 $y_1=A\cos2\pi\left(\frac{x}{\lambda}+\frac{t}{T}\right)$，在 $x=0$ 处发生反射，反射点为一固定端，设反射时无能量损失。求：(1) 反射波的方程；(2) 合成的驻波的方程；(3) 波腹和波节的位置。

练习十八　相干光　双缝干涉

专业________　学号________　姓名________　成绩________

相关知识点：光程、光程差、相干光条件、杨氏双缝干涉、半波损失

教学基本要求：

(1) 了解普通光源发光机理、光的相干条件、获得相干光的方法。

(2) 理解光程和光程差的概念，掌握用光程差分析干涉现象的思路和方法。

(3) 理解杨氏双缝干涉的基本原理，会计算干涉条纹的位置，能分析引起条纹变化的原因。

(4) 了解劳埃德镜等类杨氏双缝干涉，了解光在界面上反射时的半波损失。

一、选择题

1. 在相同的时间内，一束波长为 λ 的单色光在空气中和在玻璃中　(　　)

(A) 传播的路程相等，走过的光程相等。　(B) 传播的路程相等，走过的光程不相等。

(C) 传播的路程不相等，走过的光程相等。　(D) 传播的路程不相等，走过的光程不相等。

2. 真空中波长为 λ 的单色光在折射率为 n 的均匀透明介质中，从 A 点沿某一路径传播到 B 点，路径的长度为 l。A、B 两点的光振动相位差记为 $\Delta\varphi$，则下述正确的是　(　　)

(A) $l=3\lambda/2$，$\Delta\varphi=3\pi$。　(B) $l=3\lambda/(2n)$，$\Delta\varphi=3n\pi$。

(C) $l=3\lambda/(2n)$，$\Delta\varphi=3\pi$。　(D) $l=3n\lambda/2$，$\Delta\varphi=3n\pi$。

3. 用白光光源进行双缝实验，若用一个纯红色的滤光片遮盖一条缝，用一个纯蓝色的滤光片遮盖另一条缝，则　(　　)

(A) 干涉条纹的宽度将发生改变。　(B) 产生红光和蓝光的两套彩色干涉条纹。

(C) 干涉条纹的亮度将发生改变。　(D) 不产生干涉条纹。

4. 在双缝干涉实验中，为使屏上的干涉条纹间距变大，可以采取的办法是　(　　)

(A) 使屏靠近双缝。　(B) 使两缝的间距变小。

(C) 把两个缝的宽度稍微调窄。　(D) 改用波长较小的单色光源。

5. 在空气中做双缝干涉实验，屏幕 E 上的 P 处是明条纹。若将缝 S_2 盖住，并在 S_1、S_2 连线的垂直平分面上放一平面反射镜 M，其他条件不变（见选择题 18-5 图），则此时　(　　)

(A) P 处仍为明条纹。　(B) P 处为暗条纹。

(C) P 处位于明、暗条纹之间。　(D) 条件不足，无法判断。

S₁ P M S S₂ E

选择题 18-5 图

二、填空题

1. 真空中波长为 λ 的单色光，在折射率为 n 的均匀透明介质中从 A 点沿某一路径传播到 B 点，若 A、B 两点的相位差为 3π，则路径 AB 的几何长度为__________，光程差为__________。

2. 如填空题 18-2 图所示，S_1、S_2 是两个相干光源，它们到 P 处的距离分别为 r_1 和 r_2。路径 S_1P 垂直穿过一块厚度为 t_1、折射率为 n_1 的介质板，路径 S_2P 垂直穿过厚度为 t_2、折射率为 n_2 的另一介质板，其余部分可看作真空，这两条路径的光程差等于________________。

填空题 18-2 图　　填空题 18-3 图

3. 如填空题 18-3 图所示，在双缝干涉中若把一厚度为 e、折射率为 n 的薄云母片覆盖在 S_1 缝上，中央明条纹将向________移动。覆盖云母片后，两束相干光到达原中央明条纹 O 处的光程差为________。

4. 在双缝干涉实验中，中央明条纹的光强为 I_0，若遮住一条缝，则原中央明条纹处的光强变为____________。

5. 在双缝干涉实验中，两缝间距离为 d，双缝与屏幕之间的距离为 D（$D\gg d$）。波长为 λ 的平行单色光垂直照射到双缝上，则屏幕上干涉条纹中相邻暗条纹之间的距离为____________。

三、计算题

1. 当光强均为 I_0 的两束相干光相遇而发生干涉时，在相遇区域内有可能出现的最大光强和最小光强分别是多少？

2. 如计算题 18-2 图所示，在双缝干涉实验中，$SS_1=SS_2$，用波长为 λ 的光照射双缝 S_1 和 S_2，通过空气后在屏幕 E 上形成干涉条纹，已知 P 点处为第 3 级明条纹。(1) 求 S_1 和 S_2 到 P 点处的光程差 δ；(2) 若将整个装置放于某种透明液体中，P 点处为第 4 级明条纹，求该液体的折射率。

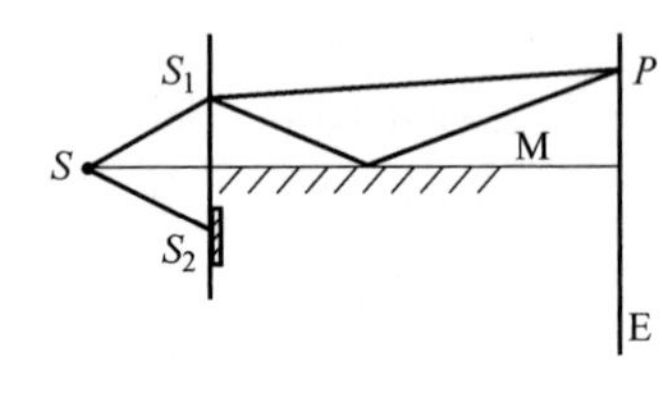

计算题 18-2 图

3. 在计算题 18-3 图所示的双缝干涉实验中，若用折射率为 $n_1=1.4$ 的薄玻璃片覆盖缝 S_1，用同样厚度但折射率为 $n_2=1.7$ 的玻璃片覆盖缝 S_2，将使屏上原中央明条纹所在处 O 变为第 5 级明条纹。设单色光波长 $\lambda=480.0\text{nm}$，求玻璃片厚度 d（可认为光线垂直穿过玻璃片）。

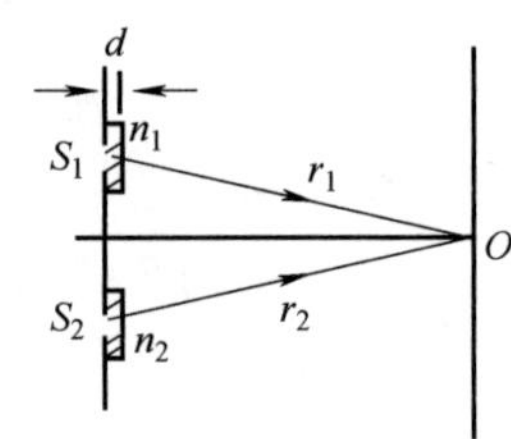

计算题 18-3 图

4. 在杨氏双缝干涉实验中，两缝之间的距离 $d=0.5\text{mm}$，缝到屏的距离为 $D=25\text{cm}$，若先后用波长为 400nm 和 600nm 的两种单色光入射，问：(1) 两种单色光产生的干涉条纹间距各是多少？(2) 两种单色光的干涉明条纹第一次重叠处距屏中心的距离为多少？各是第几级条纹？

练习十九　薄膜干涉（一）

专业________　学号________　姓名________　成绩________

相关知识点：薄膜干涉、附加光程差、等倾干涉、等厚干涉、增透膜、增反膜、相干长度

教学基本要求：

（1）理解薄膜干涉公式；会分析两束反射光之间的附加光程差。

（2）理解薄膜的等倾干涉；理解增透膜和增反膜的原理。

（3）了解时间相干性和相干长度。

一、选择题

1. 如选择题19-1图所示，平行单色光垂直照射到薄膜上，经上、下两表面反射的两束光发生干涉，若薄膜的厚度为 e，并且 $n_1<n_2$，$n_3<n_2$，λ_1 为入射光在折射率为 n_1 的介质中的波长，则两束反射光在相遇点的相位差为　（　）

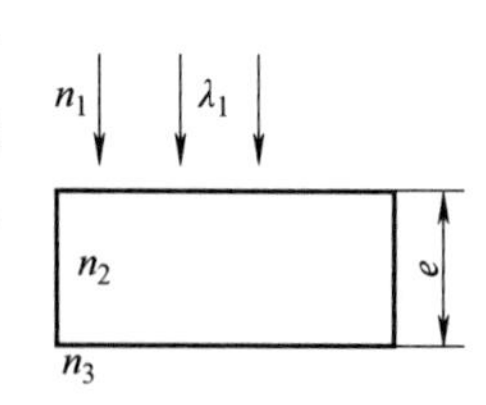

选择题 19-1 图

（A）$\dfrac{2\pi n_2 e}{n_1\lambda_1}$。　（B）$\dfrac{4\pi n_1 e}{n_2\lambda_1}+\pi$。　（C）$\dfrac{4\pi n_2 e}{n_1\lambda_1}+\pi$。　（D）$\dfrac{4\pi n_2 e}{n_1\lambda_1}$。

2. 单色平行光垂直照射在薄膜上，经上、下两表面反射的两束光发生干涉，如选择题19-1图所示，若薄膜的厚度为 e，且 $n_1<n_2$，$n_3<n_2$，λ_1 为入射光在折射率为 n_1 的介质中的波长，则两束反射光的光程差为　（　）

（A）$2n_2e$。　（B）$2n_2e-\dfrac{\lambda_1}{2n_1}$。　（C）$2n_2e\ \dfrac{n_1\lambda_1}{2}$。　（D）$2n_2e-\dfrac{n_2\lambda_1}{2}$。

3. 如选择题19-3图所示，光垂直入射到四个厚度为 e 的薄层上，这些薄层及其上、下方介质的折射率都已在图中给出。薄层的折射率用 n 表示，入射单色光的波长用 λ 表示，当薄膜上、下表面两反射光干涉相消时，光的波长满足关系式 $\lambda=\dfrac{2ne}{k}$（$k=1, 2, 3, \cdots$）的情况为　（　）

（A）①和②。　（B）②和③。　（C）①和④。　（D）③和④。

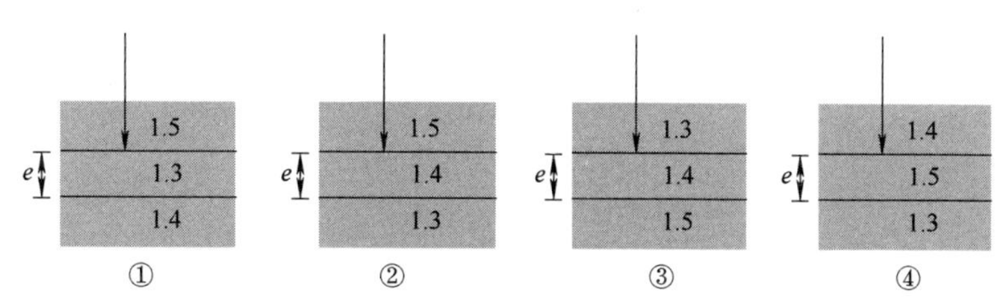

选择题 19-3 图

4. 在薄膜干涉实验中，观察到反射光的等倾干涉条纹的中心是亮斑，则此时透射光的等倾干涉条纹中心　（　）

（A）是亮斑。　（B）是暗斑。

（C）可能是亮斑，也可能是暗斑。　（D）无法确定。

5. 我们在日光下观察不到窗户玻璃的干涉条纹，下面的解释最合理的是　（　）

（A）玻璃太厚，干涉条纹太密，无法区分。

（B）玻璃上、下表面反射光的光程差超过了相干长度。

（C）太阳光太亮，明暗条纹对比度太低。

（D）玻璃反射率太低，反射光太弱。

二、填空题

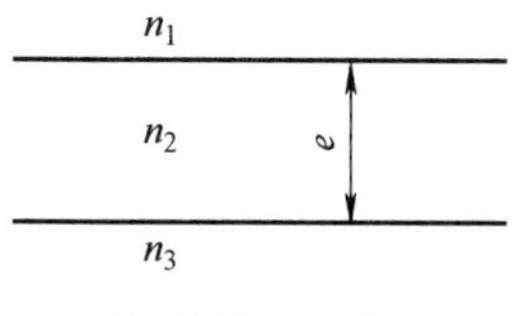

填空题 19-1 图

1. 如填空题19-1图所示，当单色光垂直入射薄膜时，经上、下两表面反射

的两束光发生干涉。当 $n_1<n_2<n_3$ 时，其光程差为__________；当 $n_1=n_3<n_2$ 时，其光程差为__________。

2. 用波长为 λ 的单色光垂直照射置于空气中的厚度为 e、折射率为 1.5 的透明薄膜，两束反射光的光程差 $\delta=$________。

3. 一束波长为 λ 的单色光由空气垂直入射到折射率为 n 的透明薄膜上，透明薄膜放在空气中，要使反射光得到干涉加强，则薄膜的最小厚度为__________。

4. 在折射率为 $n_1=1.60$ 的玻璃表面上涂以折射率 $n=1.38$ 的 MgF_2 透明薄膜，可以减少光的反射。当波长为 500.0nm 的单色光垂直入射时，为了实现最小反射，此透明薄膜的最小厚度应为__________。

三、计算题

1. 如计算题 19-1 图所示，波长为 λ 的单色光以入射角 i 照射到放在空气（折射率为 $n_1=1$）中的一厚度为 e、折射率为 n（$n>n_1$）的透明薄膜上，试推导在薄膜上、下两表面反射出来的两束光 1 和 2 的光程差。

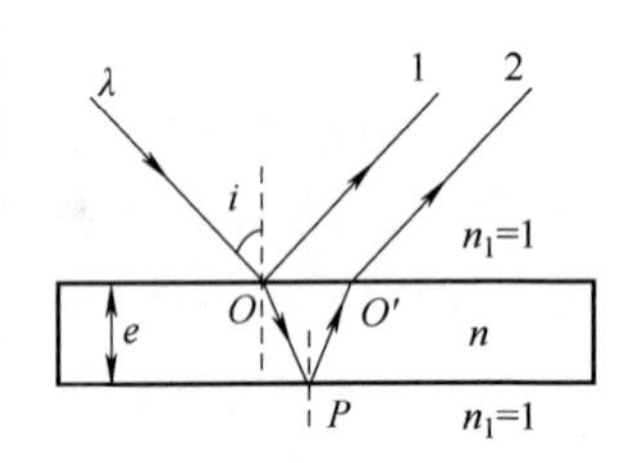

计算题 19-1 图

2. 如计算题 19-2 图所示，用白光垂直照射厚度 $e=400$nm 的薄膜，若薄膜折射率 $n_2=1.4$，且 $n_1>n_2>n_3$，那么反射光中哪些波长的可见光会得到加强？

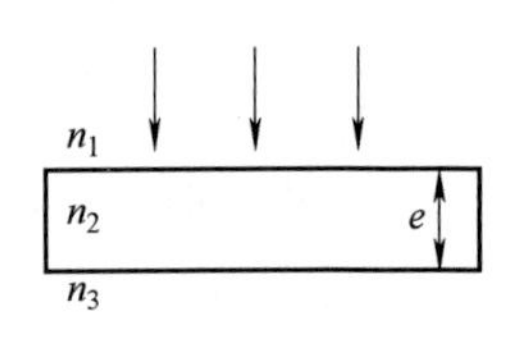

计算题 19-2 图

3. 在棱镜（$n_1=1.52$）表面镀一层增透膜（$n_2=1.30$），要使此膜适用于氦-氖激光器发出的波长（$\lambda=632.8$nm），求增透膜的最小厚度。

4. 一片玻璃（$n=1.5$）表面附有一层油膜（$n=1.32$），今用一波长连续可调的单色光束垂直照射油面。当波长为 485nm 时，反射光干涉相消。当波长增为 679nm 时，反射光再次干涉相消。求油膜的厚度。

练习二十　薄膜干涉（二）　迈克耳孙干涉仪

专业________　学号________　姓名________　成绩________

相关知识点： 劈尖干涉、牛顿环、迈克耳孙干涉仪

教学基本要求：

（1）理解薄膜的等厚干涉；掌握劈尖、牛顿环等装置的干涉条纹规律；能分析引起条纹变化的原因。

（2）了解迈克耳孙干涉仪的结构、原理及其典型应用。

一、选择题

1. 用波长为 λ 的单色光垂直照射到空气劈尖上，观察等厚干涉条纹。当劈尖角增大时，观察到的干涉条纹的间距将（　　）

（A）增大。　（B）减小。　（C）不变。　（D）无法确定。

2. 两块平玻璃构成空气劈形膜，左边为棱边，用单色平行光垂直入射。若上面的平玻璃慢慢地向上平移，则干涉条纹（　　）

（A）向棱边方向平移，条纹间隔变小。（B）向棱边方向平移，条纹间隔变大。

（C）向棱边方向平移，条纹间隔不变。（D）向远离棱边的方向平移，条纹间隔不变。

（E）向远离棱边的方向平移，条纹间隔变小。

3. 如选择题 20-3 图所示，两个直径有微小差别的彼此平行的滚柱之间的距离为 L，它们被夹在两块平晶的中间，形成空气劈形膜，当单色光垂直入射时，产生等厚干涉条纹。如果滚柱之间的距离 L 变小，则在 L 范围内干涉条纹的（　　）

（A）数目减少，间距变大。（B）数目不变，间距变小。

（C）数目增加，间距变小。（D）数目减少，间距不变。

选择题 20-3 图

4. 在牛顿环装置中，将平凸透镜慢慢地向上平移，由反射光形成的牛顿环将（　　）

（A）向外扩张，环心呈明暗交替变化。（B）向外扩张，条纹间隔变大。

（C）向中心收缩，环心呈明暗交替变化。（D）无向中心收缩，条纹间隔变小。

5. 等倾干涉条纹和牛顿环都是明暗相间的同心圆环，下列描述正确的是（　　）

（A）两者都是内部干涉级数大。（B）两者都是外部干涉级数大。

（C）前者内部干涉级数大，后者外部干涉级数大。

（D）前者外部干涉级数大，后者内部干涉级数大。

二、填空题

1. 用波长为 λ 的单色光垂直照射如填空题 20-1 图所示的劈尖膜（$n_1 > n_2 > n_3$），观察反射光干涉，劈尖顶角处为________条纹（填“明”或“暗”），从劈尖膜尖顶算起，第 2 条明条纹中心所对应的厚度为________。

填空题 20-1 图

2. 单色光垂直照射在劈尖上，产生等厚干涉条纹，为了使条纹的间距变小，可采用的方法是：使劈尖角________，或改用波长较________的光源。

3. 某一牛顿环装置都是用折射率为 1.52 的玻璃制成的，若把它从空气中搬入水中，用同一单色光做实验，则干涉条纹的间距将变________（填“密”或“疏”），其中心是________斑。（填“亮”或“暗”）

4. 在迈克耳孙干涉仪的一条光路中，放入一折射率为 n、厚度为 d 的透明薄片，放入后，这条光路的光程改变了____________。

5. 在迈克耳孙干涉仪的一支光路中，放入一片折射率为 n 的透明薄膜后，测出两束光的光程差的

改变量为一个波长 λ，则薄膜的厚度是________。

6. 用迈克耳孙干涉仪测反射镜的位移，若入射光波波长 $\lambda=628.9\text{nm}$，当移动活动反射镜时，干涉条纹移动了 2048 条，反射镜移动的距离为________。

三、计算题

1. 用波长为 λ_1 的单色光照射空气劈尖，从反射光干涉条纹中观察到劈尖装置的 A 点处为暗条纹，若连续改变入射光波长，直到波长变为 λ_2（$\lambda_2>\lambda_1$）时，A 点再次变为暗条纹，求 A 点处的空气薄膜厚度。

2. 在牛顿环实验中，当透镜和玻璃之间充以某种液体时，第 10 个亮环的直径由 $1.40\times10^{-2}\text{m}$ 变为 $1.27\times10^{-2}\text{m}$. 试求这种液体的折射率。

3. 如计算题 20-3 图所示，利用空气劈尖测细丝直径，观察到 30 条条纹，这些明条纹间的距离为 4.295mm，已知单色光的波长 $\lambda=589.3\text{nm}$，$L=28.88\times10^{-3}\text{m}$，求细丝直径 d。

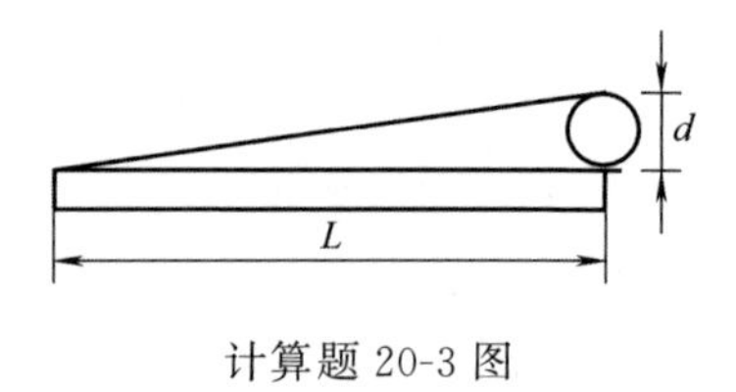

计算题 20-3 图

4. 用波长为 500nm（$1\text{nm}=10^{-9}\text{m}$）的单色光垂直照射到由两块光学平玻璃构成的空气劈形膜上。在观察反射光的干涉现象中，距劈形膜棱边 $l=1.56\text{cm}$ 的 A 处是从棱边算起的第 4 条暗条纹中心。

（1）求此空气劈形膜的劈尖角 θ；（2）若改用 600nm 的单色光垂直照射到此劈尖上仍观察反射光的干涉条纹，则此时 A 处是明条纹还是暗条纹？（3）在第（2）问的情形中，从棱边到 A 处的范围内共有几条明条纹？几条暗条纹？

5. 瑞利干涉仪如计算题 20-5 图所示。单色光的缝光源 S 波长为 $\lambda=589.3\text{nm}$，放在透镜 L_1 的前焦面上，在透镜 L_2 焦平面 C 上观察干涉现象。T_1、T_2 是两个长度都是 $l=0.20\text{m}$ 的完全相同的玻璃管，当两玻璃管均为真空时，观察到一组干涉条纹。在向 T_2 中充入一定量的某种气体的过程中，观察到干涉条纹移动了 98.0 条。试求出该气体的折射率 n。

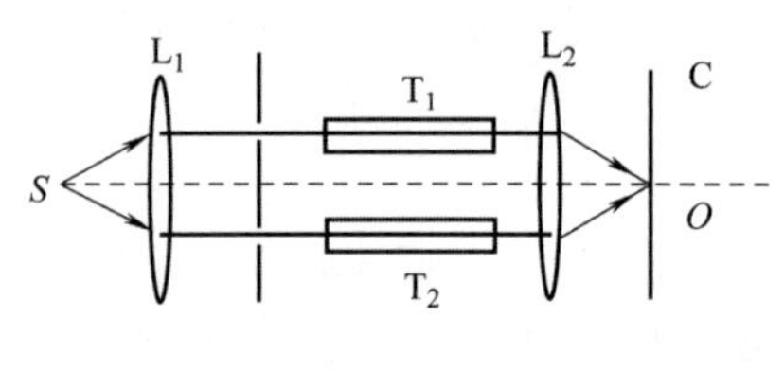

计算题 20-5 图

练习二十一　夫琅禾费单缝衍射

专业________　学号________　姓名________　成绩________

相关知识点：菲涅耳衍射与夫琅禾费衍射、惠更斯-菲涅耳原理、半波带法、单缝夫琅禾费衍射规律

教学基本要求：

(1) 了解惠更斯-菲涅耳原理及其分析衍射问题的基本思想。

(2) 了解单缝夫琅禾费衍射的装置和图样特点；理解单缝夫琅禾费衍射的半波带法，掌握条纹分布规律。

一、选择题

1. 根据惠更斯-菲涅耳原理，若已知光在某时刻的波阵面为 S，则 S 的前方某点 P 的光强取决于波阵面 S 上所有面积元发出的子波各自传到 P 点的 (　　)

(A) 振动振幅之和。(B) 光强之和。(C) 振动振幅之和的平方。(D) 振动的相干叠加。

2. 在夫琅禾费单缝衍射实验中，对于给定的入射单色光，当缝的宽度变小时，除中央亮纹的中心位置不变外，各级衍射条纹 (　　)

(A) 对应的衍射角变小。　(B) 对应的衍射角变大。

(C) 对应的衍射角也不变。　(D) 光强也不变。

3. 在如选择题 21-3 图所示的单缝夫琅禾费衍射实验中，将单缝 K 沿垂直于光的入射方向（沿图中的 x 方向）稍微平移，则 (　　)

(A) 衍射条纹移动，条纹宽度不变。

(B) 衍射条纹移动，条纹宽度变动。

(C) 衍射条纹中心不动，条纹变宽。

(D) 衍射条纹不动，条纹宽度不变。

(E) 衍射条纹中心不动，条纹变窄。

选择题 21-3 图

4. 在如选择题 21-4 图所示的单缝夫琅禾费衍射实验装置中，S 为单缝，L 为透镜，C 为放在 L 的焦面处的屏幕，当把单缝 S 平行于透镜光轴方向前后平移时，屏幕上的衍射图样 (　　)

(A) 向上平移。　(B) 向下平移。

(C) 不动。　(D) 消失。

选择题 21-4 图

二、填空题

1. 惠更斯引入________的概念提出了惠更斯原理，菲涅耳再用________的思想补充了惠更斯原理，发展成了惠更斯-菲涅耳原理。

2. 根据光源和观察屏离开衍射物的距离，可将光的衍射分为__________衍射和____________衍射，当光源和观察屏离开衍射物的距离都为无穷远时的衍射称为____________衍射。

3. 在单缝夫琅禾费衍射实验中，波长为 λ 的单色光垂直入射在宽度为 $a=4\lambda$ 的单缝上，对应 $\theta=30°$ 衍射角，单缝处的波面可划分为________个半波带，对应的屏上条纹为________纹。(填“明”或“暗”)

4. 一束波长为 λ 的平行单色光垂直入射到一单缝 AB 上，装置如填空题 21-4 图所示。在屏幕 D 上形成衍射图样，如果 P 是中央亮纹一侧第一个暗纹所在的位置，则 $\overline{BC}$ 的长度为__________。

填空题 21-4 图

三、计算题

1. 在单缝夫琅禾费衍射实验中，波长为 λ 的单色光垂直入射到狭缝上，若第 1 级暗条纹的位置对应的衍射角为 $\theta=\pm\pi/6$，求缝宽的大小。

2. 在单缝衍射实验中，透镜焦距 $f=0.5\text{m}$，入射光波长 $\lambda=500\text{nm}$，缝宽 $a=0.1\text{mm}$。求：(1) 中央明条纹的角宽度和线宽度；(2) 第 1 级明条纹的角宽度和线宽度。

3. 平行单色光垂直入射在缝宽为 $a=0.15\text{mm}$ 的单缝上，缝后有焦距 $f=400\text{mm}$ 的凸透镜，在其焦平面上放置观察屏幕，现测得屏幕中央明条纹两侧的两个第 3 级暗条纹之间的距离为 8mm，试求入射光的波长 λ。

4. 用橙黄光（$\lambda=600\text{nm}\sim650\text{nm}$）平行垂直地照射到缝宽为 $a=0.6\text{mm}$ 的单缝上，缝后放置一焦距 $f=40\text{cm}$ 的透镜。若屏幕上离中央明条纹中心处为 1.4mm 处的 P 点为第 3 级明条纹。(1) 求入射光的波长；(2) 从 P 点看，单缝处波阵面被分成多少个半波带？(3) 求第 1 级明条纹所对应的衍射角；(4) 如果另有一波长为 428.6nm 的光一同入射，能否和该波长的明条纹重叠？如果重叠，它们各是第几级？

练习二十二　光栅衍射　X射线衍射

专业________　学号________　姓名________　成绩________

相关知识点： 光栅、光栅常数、光栅方程、光栅衍射规律、光栅光谱、布拉格公式

教学基本要求：

(1) 了解光栅衍射的特点及其成因。

(2) 理解光栅方程，会计算谱线位置；了解缺级现象；了解光栅光谱及其典型应用。

(3) 了解X射线衍射；了解布拉格公式。

一、选择题

1. 在测量单色光的波长时，下列方法中哪一种方法最为准确？　(　　)

(A) 双缝干涉。　(B) 牛顿环。　(C) 单缝衍射。　(D) 光栅衍射。

2. 对某一定波长的垂直入射光，衍射光栅的屏幕上只能出现零级和一级主极大，欲使屏幕上出现更高级次的主极大，应该　(　　)

(A) 换一个光栅常数较小的光栅。　(B) 换一个光栅常数较大的光栅。

(C) 将光栅向靠近屏幕的方向移动。　(D) 将光栅向远离屏幕的方向移动。

3. 某元素的特征光谱中含有波长分别为 $\lambda_1=450\text{nm}$ 和 $\lambda_2=750\text{nm}$ ($1\ \text{nm}=10^{-9}\text{m}$) 的光谱线。在光栅光谱中，这两种波长的谱线有重叠现象，重叠处 λ_2 的谱线的级数将是　(　　)

(A) 2，3，4，5，…。　(B) 2，5，8，11，…。

(C) 2，4，6，8，…。　(D) 3，6，9，12，…。

4. 一束平行单色光垂直入射在光栅上，当光栅常数 $(a+b)$ 为下列哪种情况时（a 代表每条缝的宽度），$k=3$，6，9，…级次的主极大均不出现？　(　　)

(A) $a+b=2a$。　(B) $a+b=3a$。　(C) $a+b=4a$。　(D) $a+b=6a$。

5. 一束白光垂直照射在一光栅上，在形成的同一级光栅光谱中，偏离中央明纹最远的是　(　　)

(A) 紫光。　(B) 绿光。　(C) 黄光。　(D) 红光。

6. X射线投射到间距为 d 的平行点阵平面的晶体中，发生布拉格晶体衍射的最大波长为　(　　)

(A) $d/4$。　(B) $d/2$。　(C) d。　(D) $2d$。

二、填空题

1. 波长为 λ 的单色光垂直入射于光栅常数为 d、缝宽为 a、总缝数为 N 的光栅上。取 $k=0$，±1，±2，…，则决定出现主极大的衍射角 θ 的公式可写成______________。

2. 平行单色光垂直入射到平面衍射光栅上，若增大光栅常数，则衍射图样中明条纹的间距将________，若增大入射光的波长，则明条纹间距将________。

3. 在光栅光谱中，假如所有偶数级次的主极大都恰好在单缝衍射的暗纹方向上，因而实际上不出现，那么此光栅每个透光缝宽度 a 和相邻两缝间不透光部分宽度 b 的关系为______________。

4. 一束单色光垂直入射在光栅上，衍射光谱中共出现5条明纹。若已知此光栅缝宽度与不透光部分宽度相等，那么在中央明纹一侧的两条明纹分别是第________级和第________级谱线。

5. 若光栅的光栅常数 d、缝宽 a 和入射光波长 λ 都保持不变，而使其缝数 N 增加，则光栅光谱的同级光谱线将________________。

6. 在X射线晶体衍射中，若以 θ 表示X射线入射方向与原子层平面之间的夹角，用 λ 表示入射X射线的波长，则两相邻平面层的反射光波干涉加强的条件是____________________。

三、计算题

1. 某单色光垂直入射到一个每毫米有800条刻线的光栅上，如果第1级谱线的衍射角为30°，求入

射光波长。

2. 一束具有两种波长的平行光入射到某个光栅上，$\lambda_1=450\text{nm}$，$\lambda_2=600\text{nm}$，问两种波长的谱线第二次重合时（不计中央明纹），各为第几级主极大？

3. 钠黄光中包含两个相近的波长 $\lambda_1=589.0\text{nm}$ 和 $\lambda_2=589.6\text{nm}$。用平行的钠黄光垂直入射在每毫米有 600 条缝的光栅上，会聚透镜的焦距 $f=1.00\text{m}$。求在屏幕上形成的第 2 级光谱中上述两波长 λ_1 和 λ_2 的光谱线之间的间隔 Δl。（保留三位有效数字）

4. 用波长 $\lambda=700\text{nm}$ 的单色光垂直入射在平面透射光栅上进行观察，已知光栅常数为 $3\times10^{-6}\text{m}$。试问：（1）最多能看到第几级衍射明条纹？（2）若缝宽 0.001mm，则观察到第几级条纹缺级？

5. 若用衍射光栅准确测定一单色可见光的波长，现有光栅常数分别为（1）$1.0\times10^{-1}\text{mm}$，（2）$1.0\times10^{-2}\text{mm}$，（3）$1.0\times10^{-3}\text{mm}$，（4）$1.0\times10^{-4}\text{mm}$ 的光栅四种，试论述选用哪一种最好。

练习二十三　圆孔衍射　光学仪器的分辨本领　衍射综合

专业________　学号________　姓名________　成绩________

相关知识点： 圆孔夫琅禾费衍射、艾里斑、光学仪器的最小分辨角、光学仪器分辨本领

教学基本要求：

(1) 了解夫琅禾费圆孔衍射现象；掌握艾里斑半角公式。

(2) 理解光学仪器的最小分辨角和分辨本领的概念并会简单应用。

一、选择题

1. 波长为 λ 的单色光垂直照射孔径为 D 的圆孔，透镜的焦距为 f。由于衍射，在透镜的焦平面上形成明暗相间的干涉圆环，关于中央亮斑的大小，以下说法错误的是哪一个？（　　）

(A) 与波长 λ 成正比。　　(B) 与孔径 D 成反比。

(C) 与焦距 f 成正比。　　(D) 与焦距 f 无关。

2. 电子显微镜的分辨本领要比普通光学显微镜的分辨本领大得多，这是因为（　　）

(A) 电子的质量大。　　(B) 电子穿透能力强。

(C) 电子的波长比光的波长小。　　(D) 电子不易被物质吸收。

3. 为了提高光学仪器的分辨本领，以下方法可行的是哪一种？（　　）

(A) 增大工作波长。　　(B) 减小通光孔径。

(C) 增加光强。　　(D) 增大通过光孔径，减小工作波长。

4. 某侦察卫星的飞行高度为 160km，其携带的照相机的孔径为 2.88m，工作波长为 500nm，则根据瑞利判据，该侦察卫星能分辨的地面目标的最小线距离为（　　）

(A) 3.39mm。　　(B) 3.39cm。　　(C) 9.79mm。　　(D) 9.79cm。

5. 在双缝衍射实验中，若保持双缝 S_1 和 S_2 的中心之间的距离 d 不变，而把两条缝的宽度 a 略微加宽，则（　　）

(A) 单缝衍射的中央主极大变宽，其中所包含的干涉条纹数目变少。

(B) 单缝衍射的中央主极大变宽，其中所包含的干涉条纹数目变多。

(C) 单缝衍射的中央主极大变宽，其中所包含的干涉条纹数目不变。

(D) 单缝衍射的中央主极大变窄，其中所包含的干涉条纹数目变少。

(E) 单缝衍射的中央主极大变窄，其中所包含的干涉条纹数目变多。

6. 设光栅平面、透镜均与屏幕平行，则当入射的平行单色光从垂直于光栅平面入射变为斜入射时，能观察到的光谱线的最高级次 k（　　）

(A) 变小。　　(B) 变大。　　(C) 不变。　　(D) 无法确定。

二、填空题

1. 如填空题 23-1 图所示，波长为 λ 的单色光垂直照射到孔径为 D 的圆孔上，在焦距为 f 的透镜的焦平面上将形成明暗交替的环形衍射图样，中央光斑较亮，称为________斑，其直径为____________。

填空题 23-1 图

2. 在正常光照条件下，人眼的瞳孔直径约为 3.0mm，已知人眼的敏感波长为 550nm，则人眼的最小分辨角为____________。(保留三位有效数字)

3. 毫米波雷达发出的波束比常用的雷达波束窄，这使得毫米波雷达不易受到反雷达导弹袭击。现有一毫米波雷达，其圆形天线的直径为 55cm，发射波长为 1.36mm 的毫米波，则其波束的角宽度为____________。(保留三位有效数字)

4. 一位宇航员在 160km 的高空恰好能分辨地面上两个发射波长为 550nm 的点光源，假定宇航员的瞳孔直径为 5.0mm，则这两个点光源的间距为__________。(保留三位有效数字)

三、计算题

1. 一个人在夜晚用肉眼恰能分辨 10km 外的山上的两个点光源（光源的波长取为 $\lambda=550\text{nm}$）。假定人眼在夜间的瞳孔直径为 5.0 mm，求两点光源的间距（保留三位有效数字）。

2. 已知天空中两颗星相对于一台望远镜的角距离为 4.84×10^{-6} rad，它们发出的光波波长为 550nm，为了能分辨出这两颗星，则该望远镜物镜的口径至少应为多少？（保留三位有效数字）

3. 大麦哲伦望远镜是预计在 2020 年完工并启用的地基极端巨大望远镜，其主镜直径为 24.5m，以波长为 550nm 的可见光为例，试估算该望远镜的分辨本领。

4. 假若侦察卫星上的照相机能清楚地识别地面上汽车的牌照号码。如果牌照上的笔画间的距离为 4cm，在 150km 高空的卫星上的照相机的最小分辨角应为多大？此照相机的孔径需要多大？光波的波长按 500nm 计算。

5. 有一双缝，其缝距 $d=0.40\text{mm}$，两缝宽度都是 $a=0.080\text{mm}$，用波长为 $\lambda=480\text{nm}$ 的平行光垂直照射双缝，在双缝后放一焦距 $f=2.0\text{m}$ 的透镜。求：

（1）在透镜焦平面处的屏上，双缝干涉条纹的间距 l；

（2）在单缝衍射中央亮纹范围内的双缝干涉亮纹数目 N 和相应的级数 k。

练习二十四　光的偏振

专业________　学号________　姓名________　成绩________

相关知识点：光的三种偏振态（自然光、线偏振光、部分偏振光）的特点和表示方法、偏振度、起偏与检偏、马吕斯定律、布儒斯特定律

教学基本要求：

（1）理解光的五种偏振态；了解偏振片。

（2）掌握布儒斯特定律和马吕斯定律；了解起偏和检偏的方法。

（3）了解晶体双折射现象；了解 1/2 波片和 1/4 波片。

一、选择题

1. 在双缝干涉实验中，用单色自然光在屏上形成干涉条纹。若在两缝后放一个偏振片，则（　　）

（A）干涉条纹的间距不变，但明条纹的亮度加强。

（B）干涉条纹的间距不变，但明条纹的亮度减弱。

（C）干涉条纹的间距变窄，且明条纹的亮度减弱。

（D）无干涉条纹。

2. 把两块偏振片一起紧密地放置在一盏灯前，使得后面没有光通过。当把一块偏振片旋转 180 °时会发生以下哪种现象？（　　）

（A）光强先增加，然后减小到零。　　（B）光强始终为零。

（C）光强先增加后减小，然后又再增加。　　（D）光强增加，然后减小到不为零的极小值。

3. 如选择题 24-3 图所示，一束自然光自空气射向一块平板玻璃，设入射角等于布儒斯特角 i_0，则在界面 2 的反射光（　　）

（A）是自然光。

（B）是部分偏振光。

（C）是线偏振光且光矢量的振动方向垂直于入射面。

（D）是线偏振光且光矢量的振动方向平行于入射面。

选择题 24-3 图

4. 自然光以60°的入射角照射到某两介质交界面时，反射光为完全线偏振光，则折射光为（　　）

（A）完全线偏振光且折射角是30°。

（B）部分偏振光且只是在该光由真空入射到折射率为 3 的介质时，折射角是30°。

（C）部分偏振光，但必须已知这两种介质的折射率才能确定折射角。

（D）部分偏振光且折射角是30°。

5. 一束圆偏振光入射到偏振片上，出射光为（　　）

（A）线偏振光。　（B）圆偏振光。　（C）椭圆偏振光。　（D）自然光。

6. 一束圆偏振光经过 1/4 波片后，（　　）

（A）仍为圆偏振光。（B）为线偏振光。　（C）为椭圆偏振光。　（D）为自然光。

二、填空题

1. 光有五种偏振态，分别为__________、__________、__________、__________、__________。

2. 光强为 I_0的自然光，通过偏振化方向互成30°角的起偏器与检偏器后，光强变为________。

3. 振幅为 A 的线偏振光垂直入射到一理想偏振片上。若偏振片的偏振化方向与入射偏振光的振动方向夹角为60°，则透过偏振片的振幅为____________。

4. 当自然光以某一角度入射到两种介质的分界面发生反射和折射时，一般情况下，反射光为__________偏振光，折射光为__________偏振光。

5. 如填空题 24-4 图所示，一束自然光相继射入介质Ⅰ和介质Ⅱ，介质Ⅰ的上、下表面平行，当入射角 $i_0=60°$时，得到的反射光 R_1 和 R_2 都是振动方向垂直于入射面的完全偏振光，则光线在介质Ⅰ中的折射角 $\gamma=$________，介质Ⅱ和Ⅰ的折射率之比 $n_2:n_1=$________。

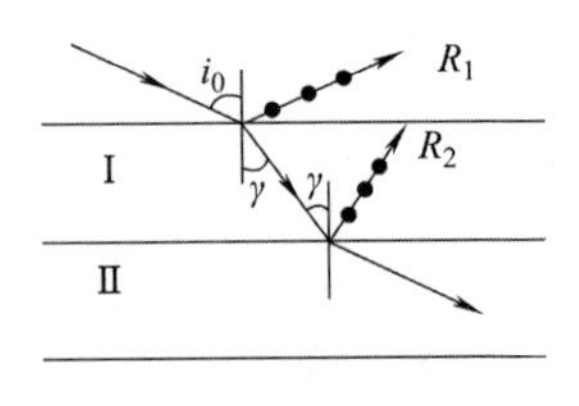

填空题 24-4 图

三、计算题

1. 光强为 I_0 的自然光通过两块偏振化方向互相垂直的偏振片后，出射光的光强为零。若在这两块偏振片之间再放入另一块偏振片，且其偏振化方向与第一块偏振片的偏振化方向的夹角为 θ，求出射光的光强。

2. 使自然光通过两块偏振化方向成60°的偏振片，透射光强为 I_1。今在这两块偏振片之间再插入另一块偏振片，并使它的偏振化方向与前两块偏振片均成30°角，则此时的透射光强是多少？

3. 有两块偏振片，当它们偏振化方向间的夹角为30°时，一束单色自然光穿过它们，出射光强为 I_1；当它们偏振化方向间的夹角为60°时，另一束单色自然光穿过它们，出射光强为 I_2，且 $I_1=I_2$。求这两束单色自然光的光强之比。

4. 三块偏振片叠在一起，第二块与第一块的偏振化方向间的夹角为45°，第三块和第二块的偏振化方向间的夹角也为45°。光强为 I_0 的自然光垂直照射到第一块偏振片上。求通过每一偏振片后的光强及光矢量的振动方向。

5. 某透明介质对于空气的临界角（指全反射）为45°，求光从空气射向此介质时的布儒斯特角。

四、作图题

如作图题 24-1 图所示，若用自然光或线偏振光分别以起偏振角或任意入射角照射到一玻璃表面，请标出反射光和折射光的偏振状态。

作图题 24-1 图

练习二十五　狭义相对论基本原理

专业________　学号________　姓名________　成绩________

相关知识点： 绝对时空观、伽利略变换式、相对性原理、光速不变原理、洛伦兹坐标变换式、洛伦兹速度变换式

教学基本要求：

(1) 了解狭义相对论产生的历史背景。

(2) 理解爱因斯坦的两个基本假设。

(3) 理解洛伦兹坐标变换；了解洛伦兹速度变换。

一、选择题

1. 有下列几种说法：

(1) 所有惯性系对物理基本规律都是等价的。

(2) 在真空中，光的速度与光的频率、光源的运动状态无关。

(3) 在任何惯性系中，光在真空中沿任何方向的传播速率都相同。

若问其中哪些说法是正确的，答案是　(　　)

(A) 只有 (1)、(2) 是正确的。　(B) 只有 (1)、(3) 是正确的。

(C) 只有 (2)、(3) 是正确的。　(D) 三种说法都是正确的。

2. 找出下列说法中所有正确的说法：　(　　)

(A) 在某惯性系中不同地点发生的两个事件，不可能找到一个惯性系，在其中这两个事件是同时发生的。

(B) 在某惯性系中发生的任何两个事件，总能找到一个惯性参考系，在其中这两个事件是同时发生的。

(C) 按照狭义相对论的观点，在不同惯性参考系中两个事件的时序可以颠倒。

(D) 按照狭义相对论的观点，任何物体之间的相对速度都不可能超过真空中的光速。

(E) 不可能存在一个惯性参考系，其中物体的速度大于真空中的光速。

3. 两个事件分别由两个观察者 S、S′观察，S、S′彼此相对做匀速运动，观察者 S 测得两事件相隔 3s，两事件发生地点相距 10m，观察者 S′测得两事件相隔 5s，S′测得两事件发生地的距离最接近于多少？　(　　)

(A) 0。　(B) 2m。　(C) 10m。　(D) 17m。　(E) 10^9 m。

4. 宇宙飞船相对地面以速度 u 做匀速直线飞行，某一时刻飞船头部的宇航员向飞船尾部发出一个光信号，经过 Δt（飞船上的钟）时间后，被尾部的接收器收到，则由此可知飞船的静止长度为 (　　)

(A) $c\Delta t$。　(B) $u\Delta t$。　(C) $c\Delta t\sqrt{1-(u/c)^2}$。　(D) $\dfrac{c\Delta t}{\sqrt{1-(u/c)^2}}$。

二、填空题

1. 狭义相对论确认，时间和空间的测量值都是________，它们与观察者的________密切相关。

2. 已知惯性系 S′ 相对于惯性系 S 系以 $0.5c$ 的匀速度沿 x 轴的方向运动，若从 S′系的坐标原点 O' 沿 x 轴正方向发出一光波，则 S 系中测得此光波的波速为__________。

3. 有一速度为 u 的宇宙飞船沿 x 轴正方向飞行，飞船头尾各有一个脉冲光源在工作，处于船尾的观察者测得船头光源发出的光脉冲的传播速度大小为________；处于船头的观察者测得船尾光源发出的光脉冲的传播速度大小为__________。

4. 当惯性系 S 和 S′的坐标原点 O 和 O' 重合时，有一点光源从坐标原点发出一光脉冲，在 S 系中经过一段时间 t 后（在 S′系中经过时间 t'），此光脉冲的球面方程（用直角坐标系）分别为 S 系：

________________________，S′系：________________________。

三、计算题

1. 设S′系以速率 $u=0.6c$ 相对于S系沿 xx' 轴运动，且在 $t=t'=0$ 时，$x=x'=0$，（1）若有一事件，在S系中发生在 $t=2.0\times10^{-7}$ s，$x=50$m 处，则该事件在S′系中发生于什么时刻？（2）若另有一事件，在S系中发生在 $t=3.0\times10^{-7}$ s，$x=10$m 处，则在S′系中测得这两个事件的时间间隔是多少？

2. 一发射台向东、西两侧距离均为 L_0 的两个接收站 E 与 W 发射信号。今有一飞机以匀速度 u 沿发射台与两接收站的连线由西向东飞行，那么在飞机上测得两接收站接收到发射台同一信号的时间间隔是多少？

3. S惯性系中的观察者记录到两事件的空间和时间间隔分别是 $x_2-x_1=600$m 和 $t_2-t_1=8\times10^{-7}$ s，为了使两事件对相对于S系沿 x 轴正方向匀速运动的S′系来说是同时发生的，S′系必须相对于S系以多大的速度运动？

4. 在惯性系S中，某事件A发生于 x_1 处，2.0×10^{-6} s后，另一事件B发生于 x_2 处。已知 $x_2-x_1=300$m。问：（1）能否找到一个相对于S系做匀速直线运动的参考系S′，在S′系中两事件发生于同一地点？（2）在S′系中，上述两个事件的时间间隔是多少？

5. 两火箭A、B沿同一直线相向运动，测得两者相对地球的速度大小分别是 $v_A=0.9c$，$v_B=0.8c$。试确定两者互测的相对速度。

四、简答题

阐述狭义相对论的两条基本原理，并说明其内涵。

练习二十六　狭义相对论时空观

专业________　学号________　姓名________　成绩________

相关知识点：固有时、运动时、固有长度、运动长度、时间膨胀效应、长度收缩效应

教学基本要求：

（1）理解同时的相对性；理解时间膨胀、长度收缩效应，并掌握相关计算。

（2）理解相对论时空观和绝对时空观的差异。

一、选择题

1. 关于同时性的以下结论中，正确的是　（　　）

（A）在一惯性系同时发生的两个事件，在另一惯性系一定不同时发生。

（B）在一惯性系不同地点同时发生的两个事件，在另一惯性系一定同时发生。

（C）在一惯性系同一地点同时发生的两个事件，在另一惯性系一定同时发生。

（D）在一惯性系不同地点不同时发生的两个事件，在另一惯性系一定不同时发生。

2. 两个惯性系 S 和 S′，沿 $x(x')$ 轴方向做匀速相对运动。设在 S′系中某点先后发生两个事件，用静止于该系的钟测出两事件的时间间隔为 τ_0，而用固定在 S 系的钟测出这两个事件的时间间隔为 τ。又在 S′系的 x' 轴上放置一静止于该系且长度为 l_0 的细杆，从 S 系测得此杆的长度为 l，则　（　　）

（A）$\tau<\tau_0$，$l<l_0$。　（B）$\tau<\tau_0$，$l>l_0$。　（C）$\tau>\tau_0$，$l>l_0$。　（D）$\tau>\tau_0$，$l<l_0$。

3. 一火箭的固有长度为 L，相对于地面做匀速直线运动的速度为 v_1，火箭上有一个人从火箭的后端向火箭前端上的一个靶子发射一颗相对于火箭的速度为 v_2 的子弹。在火箭上测得子弹从射出到击中靶的时间间隔是（c 表示真空中光速）　（　　）

（A）$\dfrac{L}{v_2}$。　（B）$\dfrac{L}{v_1+v_2}$。　（C）$\dfrac{L}{v_2-v_1}$。　（D）$\dfrac{L}{v_1\sqrt{1-(v_1/c)^2}}$。

4. 某种介子静止时的寿命为10^{-8}s，质量为10^{-25}g。如果它在实验室中的速度为 2×10^8m/s，则它的一生中能飞行多远？（以 m 为单位）　（　　）

（A）10^{-3}　（B）2。　（C）$\sqrt{5}$。　（D）$6/\sqrt{5}$。　（E）$9/\sqrt{5}$。

5. 有一直尺固定在 K′系中，它与 Ox' 轴的夹角 $\theta'=65°$，如果 K′系以匀速度沿 Ox 方向相对于 K 系运动，K 系中观察者测得该尺与 Ox 轴的夹角　（　　）

（A）大于65°。　（B）小于65°。　（C）等于65°。

（D）当 K′系沿 Ox 正方向运动时大于65°，而当 K′系沿 Ox 负方向运动时小于65°。

二、填空题

1. 以速度 v 相对于地球做匀速直线运动的恒星所发射的光子，其相对于地球的速度的大小为________。（用真空中的光速 c 表示）

2. 在某地发生两件事，静止于该地的甲测得时间间隔为 4s，若相对于甲做匀速直线运动的乙所测得的时间间隔为 5s，则乙相对于甲的运动速度是________。（用真空中的光速 c 表示）

3. 一位宇航员要到离地球为 5 光年的星球去旅行。如果宇航员希望把这段路程缩短为 3 光年，则他所乘的火箭相对于地球的速度应是________。（用真空中的光速 c 表示）

4. 当一列高速火车以速度 u 驶过车站时，固定在站台上的两只机械手在车厢上同时划出两道痕迹，静止在站台上的观察者同时测出两道痕迹之间的距离为 1m，则车厢上的观察者应测出这两道痕迹之间的距离为____________。

5. 在 S 系中的 x 轴上有两只相隔为 Δx 的同步的钟 A 和 B，它们的读数相同，在 S′系的 x' 轴上也有一只同样的钟 A′，设 S′系相对于 S 系的运动速度为 v，沿 x 轴方向，且当 A′与 A 相遇时，刚好两钟的读数均为零。那么，当 A′钟与 B 钟相遇时，B 钟在 S 系中的读数是____________；此时 A′钟在

S'系中的读数是________。

三、计算题

1. 假定在实验室中测得静止在实验室中的μ^+子（不稳定的粒子）的寿命为2.2×10^{-6}s，而当它相对于实验室运动时在实验室中测得它的寿命为1.63×10^{-5}s。试问：这两个测量结果符合相对论的什么结论？μ^+子相对于实验室的速度是真空中光速c的多少倍？

2. 一艘宇宙飞船船身固有长度为$l_0=90$m，相对于地面以$u=0.8c$的匀速度从一观测站的上空飞过。(1) 观测站测得飞船的船身通过观测站的时间间隔是多少？(2) 宇航员测得船身通过观测站的时间间隔是多少？

3. 边长为a的正方形薄板静止于惯性系K的xOy平面内，且两边分别与x轴、y轴平行。今有惯性系K'以$u=0.8c$（c为真空中光速）的速度相对于K系沿x轴做匀速直线运动，则从K'系测得薄板的面积应为多少？

4. 火箭相于地面以$u=0.6c$的匀速度向上飞离地球。在火箭发射10s后（火箭上的钟），该火箭向地面发射一枚导弹，其速度相对于地面为$v=0.3c$，问火箭发射后多长时间导弹到达地球（地球上的钟）？计算中假设地面不动。

四、简答题

设惯性系S'相对于惯性系S以速度u沿x轴正方向运动，如果从S'系的坐标原点O'沿x'轴（x'轴与x轴相互平行）正方向发射一光脉冲，则：(1) 在S'系中测得光脉冲的传播速度为c；(2) 在S系中测得光脉冲的传播速度为$c+u$。以上两个说法是否正确？如有错误，请说明为什么会错并予以改正。

练习二十七　狭义相对论动力学基础

专业________　**学号**________　**姓名**________　**成绩**________

相关知识点： 狭义相对论质量、狭义相对论动量、狭义相对论能量、爱因斯坦质能方程、静质量、静能

教学基本要求：

(1) 理解狭义相对论的质量、动量、能量等概念；了解静质量、静能，会相关计算。

(2) 了解狭义相对论的动力学基本方程。

(3) 理解狭义相对论的质速关系、质能关系、相对论动量与能量关系，会相关计算。

一、选择题

1. 在狭义相对论中，下列说法中哪些是正确的？　(　　)

(1) 一切运动物体相对于观察者的速度都不能大于真空中的光速。

(2) 质量、长度、时间的测量结果都会随着物体与观察者的相对运动状态而改变。

(3) 在一惯性系中发生于同一时刻、不同地点的两个事件在其他一切惯性系中也是同时发生的。

(4) 惯性系中的观察者观察一个与他做匀速相对运动的时钟时，会看到这个时钟比与他相对静止的相同的时钟走得慢些。

(A) (1)，(3)，(4)。 (B) (1)，(2)，(4)。 (C) (1)，(2)，(3)。 (D) (2)，(3)，(4)。

2. 令电子的速率为 v，那么电子的动能 E_k 关于比值 v/c 的图线可用选择题 27-2 图中的哪一个图表示？(c 表示真空中的光速)　(　　)

(A)　(B)　(C)　(D)

选择题 27-2 图

3. 已知电子的静能为 0.51MeV，若电子的动能为 0.25MeV，则它所增加的质量 Δm 与静止质量 m_0 的比值近似为　(　　)

(A) 0.1。　(B) 0.2。　(C) 0.5。　(D) 0.9。

4. E_k 是粒子的动能，p 是它的动量，那么粒子的静能 m_0c^2 等于　(　　)

(A) $(p^2c^2-E_k^2)/(2E_k)$。　(B) $(p^2c^2-E_k)/(2E_k)$。　(C) $p^2c^2-E_k^2$。

(D) $(p^2c^2+E_k^2)/(2E_k)$。　(E) $(pc-E_k)^2/(2E_k)$。

二、填空题

1. α 粒子在加速器中被加速，当其质量为静止质量的 3 倍时，其动能为静止能量的________倍。

2. 当某加速器将电子加速到能量 $E=2.0\times10^6$eV 时，该电子的动能为__________eV。(电子的静止质量 $m_e=9.11\times10^{-31}$kg，1eV$=1.6\times10^{-19}$J。)

3. 设电子的静止质量为 m_e，将一个电子从静止加速到速率为 $0.6c$，需做功__________。

4. 某核电站年发电量为 100 亿 kW·h，它等于 13.6×10^{16}J 的能量，如果这些能量是由核材料的全部静止能转化产生的，则需要消耗的核材料的质量为________。

三、计算题

1. 一个静止质量是 m_0 的粒子以速率 $v=0.8c$ 运动，问此时粒子的质量和动能分别是多少？

2. 要使电子的速度从 $v_1=1.2\times10^8\mathrm{m/s}$ 增加到 $v_2=2.4\times10^8\mathrm{m/s}$，必须对它做多少功？（电子的静止质量 $m_e=9.11\times10^{-31}\mathrm{kg}$）

3. 设快速运动的介子的能量约为 $E=3000\mathrm{MeV}$，这种介子在静止时的能量为 $E_0=100\mathrm{MeV}$。若这种介子的固有寿命是 $\tau_0=2\times10^{-6}\mathrm{s}$，求它在实验室参考系中运动的距离。

4. 某一宇宙射线中的介子的动能 $E_k=7m_0c^2$，其中 m_0 是介子的静止质量。在实验室中观察到的该介子的寿命是它的固有寿命的多少倍？

5. 一匀质矩形薄板，在它静止时测得其长为 a、宽为 b、质量为 m_0，由此可算出其面密度为 $m_0/(ab)$。假定该薄板沿长度方向以接近光速的速度 v 做匀速直线运动，此时若再测算该矩形薄板的面积密度，应为多少？

练习二十八　黑体辐射　光电效应

专业________　学号________　姓名________　成绩________

相关知识点： 热辐射、黑体辐射规律、能量子假说、普朗克常量、光量子假说、爱因斯坦光电方程、光的波粒二象性

教学基本要求：

(1) 了解斯特藩-玻尔兹曼定律；理解维恩位移定律，并掌握相关计算。

(2) 了解经典物理理论在解释热辐射的能量按波长（频率）分布规律时所遇到的困难；理解普朗克假说及其意义。

(3) 了解光电效应的实验规律及用经典理论解释时遇到的困难。

(4) 理解爱因斯坦的光量子假说，理解光电效应方程及其对光电效应的解释，掌握相关计算。

(5) 了解光的波粒二象性。

一、选择题

1. 关于辐射，下列几种表述中哪个是正确的？　(　　)

(A) 只有高温物体才有辐射。　(B) 低温物体只吸收辐射。

(C) 物体只有在吸收辐射时才向外辐射。　(D) 任何物体都有辐射。

2. 所谓绝对黑体，是指　(　　)

(A) 不吸收不反射任何光的物体。　(B) 不反射不辐射任何光的物体。

(C) 不辐射而能全部吸收所有光的物体。　(D) 不反射而能全部吸收所有光的物体。

3. 光电效应中光电子的初动能与入射光的关系是　(　　)

(A) 与入射光的频率成正比。　(B) 与入射光的光强成正比。

(C) 与入射光的频率呈线性关系。　(D) 与入射光的光强呈线性关系。

4. 用两束频率、光强都相同的紫光照射到两种不同的金属表面上，产生光电效应，则　(　　)

(A) 两种情况下的红限频率相同。　(B) 逸出电子的初动能相同。

(C) 在单位时间内逸出的电子数相同。　(D) 遏止电压相同。

5. 以一定频率的单色光照射在某种金属上，测出其光电流曲线并在图中用实线表示，然后保持光的频率不变，增大照射光的光强，测出其光电流曲线并在图中用虚线表示，则选择题 28-5 图中满足题意的图是哪一个？　(　　)

I　O　U

(A)　(B)　(C)　(D)

选择题 28-5 图

6. 一铜球用绝缘线悬挂于真空中，被波长为 $\lambda=135\text{nm}$ 的光照射，已知铜的逸出功为 4.5eV，则铜球的电势将　(　　)

(A) 升高。　(B) 降低。　(C) 保持为零。　(D) 先升高后降低。

二、填空题

1. 若一物体的绝对温度增加一倍，则它的总辐射能是原来的________倍。

2. 宇宙大爆炸理论预言存在宇宙背景辐射，其温度为 2.7K，根据黑体辐射规律可估算出这种辐射的能谱峰值对应的波长为________。

3. 当用频率为 ν 的单色光照射某种金属时，逸出光电子的最大动能为 E_k；若改用频率为 2ν 的单色光照射此金属，则逸出光电子的最大初动能为________。

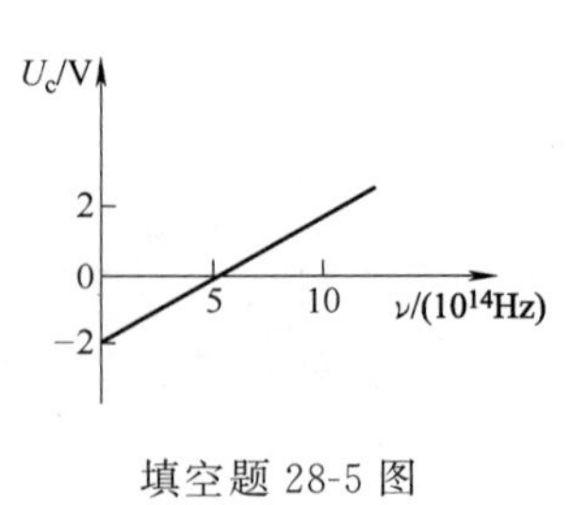

填空题 28-5 图

4. 已知某金属的逸出功为 A，用频率为 ν_1 的光照射该金属能产生光电效应，则该金属的红限频率 ν_0 =________，遏止电压 U_c =________。

5. 在光电效应实验中，测得某金属的遏止电压 U_c 与入射光频率 ν 的关系曲线如填空题 28-5 图所示，由此可知该金属的红限频率 ν_0 =________Hz；逸出功 A =________eV。

三、计算题

1. 试计算一个频率为 100MHz 的光子的能量和动量的大小。

2. 功率为 P 的点光源发出波长为 λ 的单色光，在距光源为 d 处，每秒钟落在垂直于光线的单位面积上的光子数为多少？若 λ=663.0nm，那么光子的质量为多少？

3. 某金属产生光电效应的红限波长为 λ_0，今以波长为 λ ($\lambda<\lambda_0$) 的单色光照射该金属，不考虑相对论效应，该金属释放出的电子（设电子的质量为 m_e）的动量大小是多少？

4. 在光电效应中，当频率为 3×10^{15} Hz 的单色光照射在逸出功为 4.0eV 的金属表面时，试求金属中逸出的光电子的最大初速率。(已知电子的质量为 9.1×10^{-31} kg)

5. 计算题 28-5 图是在一次光电效应实验中得出的曲线，(1) 求证：对不同材料的金属，AB 线的斜率相同。(2) 由图中数据求出普朗克常量 h。(已知电子的电荷量 $e=1.6\times10^{-19}$ C)

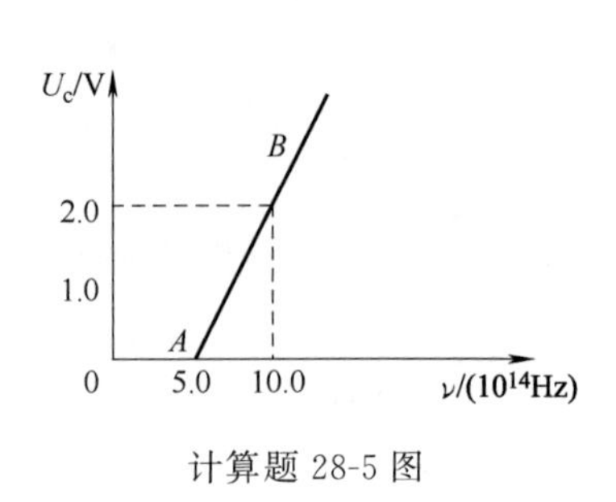

计算题 28-5 图

四、问答题

一些材料的逸出功分别如下：铍 3.9eV，钯 5.0eV，铯 1.9eV，钨 4.5eV。今要制造能在可见光（频率范围为 3.9×10^{14} ~ 7.5×10^{14} Hz）下工作的光电管，试确定在以上材料中选择哪一种较合适？

练习二十九　康普顿效应　玻尔氢原子理论

专业________　学号________　姓名________　成绩________

相关知识点： 康普顿效应、氢光谱的实验规律、卢瑟福原子核式模型、玻尔氢原子假设

教学基本要求：

（1）理解康普顿效应的实验规律及其光子理论解释；理解康普顿效应公式。

（2）了解氢原子光谱的实验规律；了解巴尔末公式、里德伯公式；了解经典理论在说明氢原子模型时遇到的困难。

（3）理解玻尔假设及其基本理论。

一、选择题

1. 康普顿效应的主要特点是　（　　）

（A）散射光的波长均比入射光的波长短，且随散射角的增大而减小，但与散射体的性质无关。

（B）散射光的波长均与入射光的波长相同，且与散射角、散射体性质无关。

（C）散射光中既有与入射光波长相同的，也有比入射光波长长的和比入射光波长短的，这与散射体性质有关。

（D）散射光中有些波长比入射光的波长长，且随散射角的增大而增大，有些散射光的波长与入射光的波长相同。这都与散射体的性质无关。

2. 光电效应和康普顿效应都包含电子与光子的相互作用过程。对此，在以下几种理解中，正确的是　（　　）

（A）两种效应中电子与光子两者组成的系统都服从动量守恒定律和能量守恒定律。

（B）两种效应都相当于电子与光子的弹性碰撞过程。

（C）两种效应都属于电子吸收光子的过程。

（D）光电效应是吸收光子的过程，而康普顿效应则相当于光子和电子的弹性碰撞过程。

3. 由氢原子理论知，当大量氢原子处于 $n=3$ 的激发态时，原子跃迁将发出　（　　）

（A）一种波长的光。（B）两种波长的光。（C）三种波长的光。（D）连续光谱。

4. 按照玻尔理论，电子绕核做圆周运动时，电子的角动量 L 的可能值为　（　　）

（A）任意值。　　（B）$nh(n=1,2,3,\cdots)$。

（C）$2\pi nh(n=1,2,3)$。　　（D）$nh/(2\pi)$ $(n=1,2,3,\cdots)$。

5. 下列哪一能量的光子，能被处在 $n=2$ 的能级的氢原子吸收？　（　　）

（A）1.50eV。　（B）1.89eV。　（C）2.16eV。　（D）2.41eV。　（E）2.50eV。

6. 关于光谱系中谱线的频率（如氢原子的巴耳末系），以下说法中正确的是哪一个？　（　　）

（A）可无限制地延伸到高频部分。　　（B）有某一个低频限制。

（C）可无限制地延伸到低频部分。　　（D）有某一个高频限制。

（E）高频和低频都有一个限制。

二、填空题

1. 在康普顿散射中，当散射光子与入射光子方向成夹角 $\theta=$________时，散射光子的频率减少得最多；当 $\theta=$__________时，散射光子的频率保持不变。

2. 如填空题29-2图所示，一频率为 ν 的入射光子与起始静止的电子发生碰撞和散射。如果散射光子的频率为 ν'，反冲电子的动量为 p，则在与入射光子平行的方向上的动量守恒定律的分量形式为____________________________。

填空题 29-2 图

3. 光子能量为 0.5MeV 的 X 射线，入射到某种物质上而发生康普顿散射。若反冲电子的能量为 0.1 MeV，则散射光波长的改变量 $\Delta\lambda$ 与入射光波长 λ_0 之比值为____________。

4. 氢原子基态的电离能是 ________eV。电离能为＋0.544eV 的激发态氢原子，其电子处在 $n=$ ________ 的轨道上运动。

5. 根据玻尔氢原子理论，若大量氢原子处于量子数 $n=5$ 的激发态，则跃迁辐射的谱线可以有________条，其中属于巴耳末系的谱线有________条。

三、计算题

1. 根据玻尔氢原子理论，试求巴耳末线系中谱线最小波长与最大波长的比值。

2. 已知氢原子从基态激发到某一定态所需能量为 10.19eV，当氢原子从能量为－0.85eV 的状态跃迁到上述定态时，所发射的光子的能量应为多少？

3. 处于基态的氢原子被外来单色光激发后发出的谱线仅有三条，问此外来光的频率为多少？

4. 实验发现基态氢原子可吸收能量为 12.75eV 的光子。(1) 试问氢原子吸收该光子后将被激发到哪个能级？(2) 受激发的氢原子向低能级跃迁时，可能发出哪几条谱线？请画出能级图（定性），并将这些跃迁也画在能级图上。

5. 处于基态的氢原子吸收了一个能量为 $h\nu=15\text{eV}$ 的光子后，其电子成为自由电子，求该电子的速率。

四、简答题

解释玻尔原子理论中的下列概念：定态、基态、激发态、量子化条件。

练习三十　德布罗意波　不确定关系

专业________　学号________　姓名________　成绩________

相关知识点： 物质波假说、德布罗意公式、不确定关系

教学基本要求：

(1) 理解德布罗意波假设和实物粒子的波粒二象性；了解德布罗意波假设的实验验证。

(2) 理解德布罗意公式，掌握相关计算。

(3) 了解普朗克常量 h 的内涵；理解不确定关系，会利用不确定关系进行简单估算。

一、选择题

1. 根据德布罗意的假设，下列表述正确的是　(　　)

(A) 辐射不能量子化，但粒子具有波的特性。(B) 运动粒子同样具有波的特性。

(C) 波长非常短的辐射有粒子性，但长波辐射却不然。

(D) 长波辐射绝不是量子化的。　(E) 波动可以量子化，但粒子绝不可能有波动性。

2. 钠光谱线的波长是 λ，设 h 为普朗克常量，c 为真空中的光速，则此光子的　(　　)

(A) 能量为 $h\lambda/c$。　(B) 质量为 hc/λ。

(C) 动量为 h/λ。　(D) 频率为 λ/c。　(E) 以上结论都不对。

3. 一个光子和一个电子具有同样的波长，则　(　　)

(A) 光子具有较大的动量。　(B) 电子具有较大的动量。

(C) 它们具有相同的动量。　(D) 它们的动量不能确定。

(E) 光子没有动量。

4. 如选择题 30-4 图所示，一束动量为 p 的电子，通过缝宽为 a 的狭缝，在距离狭缝为 R 处放置一荧光屏，屏上衍射图样中央最小的宽度 d 等于　(　　)

(A) $2a^2/R$。　(B) $2ha/p$。

(C) $2ha/(Rp)$。　(D) $2Rh/ap$。

选择题 30-4 图

5. 关于不确定关系 $\Delta x \cdot \Delta p_x \geqslant \hbar$ 有以下几种理解，其中正确的是：　(　　)

(1) 粒子的动量不可能确定。

(2) 粒子的坐标不可能确定。

(3) 粒子的动量和坐标不可能同时确定。

(4) 不确定关系不仅适用于电子和光子，也适用于其他粒子。

(A) (1)，(2)。　(B) (2)，(4)。　(C) (3)，(4)。　(D) (4)，(1)。

6. 如果电子被限制在边界 x 与 $x+\Delta x$ 之间，Δx 为 0.5Å（1Å$=10^{-10}$m），那么电子动量 x 分量的不确定度数量级为（以 $\mathrm{kg \cdot m \cdot s^{-1}}$ 为单位）　(　　)

(A) 10^{-10}。　(B) 10^{-14}。　(C) 10^{-19}。　(D) 10^{-24}。　(E) 10^{-27}。

二、填空题

1. 在如填空题 30-1 图所示的戴维孙-革末电子衍射实验装置中，自热阴极 K 发射出的电子束经 $U=500$V 的电压加速后投射到晶体上。这个电子束的德布罗意波长 $\lambda=$________nm。(保留三位有效数字)

填空题 30-1 图

2. 低速运动的质子和 α 粒子，若它们的德布罗意波长相同，则它们的动量之比 $p_p:p_\alpha=$________，动能之比 $E_p:E_\alpha=$________。

3. 若 α 粒子在均匀磁场中沿半径为 R 的圆形轨道运动，磁场的磁感应强度的大小为 B，则 α 粒子的

德布罗意波长 λ=________。(不考虑相对论效应)

4. 设一个粒子动量的不确定量等于粒子的动量，则粒子位置的最小不确定量是其德布罗意波长的____________倍。(用 $\Delta x \cdot \Delta p \geqslant h$ 来估算)

5. 在电子单缝衍射实验中，若缝宽为 $a=0.1\text{nm}$ ($1\text{nm}=10^{-9}\text{m}$)，电子束垂直射在单缝面上，则衍射的电子横向动量的最小不确定量 Δp_y=____________________N·s。(用 $\Delta r \cdot \Delta p \geqslant h$ 来估算，普朗克常量 $h=6.63\times10^{-34}\text{J}\cdot\text{s}$)

6. 如果原子在某激发态的平均寿命为 10^{-8}s，则该激发态的能级宽度约为____________。(用 $\Delta E \cdot \Delta t \geqslant \hbar$ 估算)

三、计算题

1. 若电子和光子的波长均为 0.2nm，那么它们的动量和动能各为多少？

2. 一束带电粒子经 206V 的电压加速后，测得其德布罗意波长为 0.002nm，已知该带电粒子所带电荷量与电子电荷量相等，试求这束粒子的质量。

3. 考虑到相对论效应，试求实物粒子的德布罗意波长的表达式，用 E_k 表示粒子的动能，用 m_0 表示粒子的静止质量。

4. 试证明自由粒子的不确定关系式可写成 $\Delta x \cdot \Delta\lambda \geqslant \lambda^2$，其中 λ 为自由粒子的德布罗意波长。

四、简答题

在用经典力学的物理量（例如坐标、动量等）描述微观粒子的运动时，会存在什么问题？原因何在？

练习三十一　波函数　薛定谔方程

专业________　学号________　姓名________　成绩________

相关知识点： 物质波的波函数、波函数的统计解释、定态薛定谔方程

教学基本要求：

（1）了解波函数及其统计解释；了解自由粒子波函数的建立方法。

（2）了解定态薛定谔方程。

一、选择题

1. 如选择题 31-1 图所示的下列函数中，满足波函数条件的是哪个？（　　）

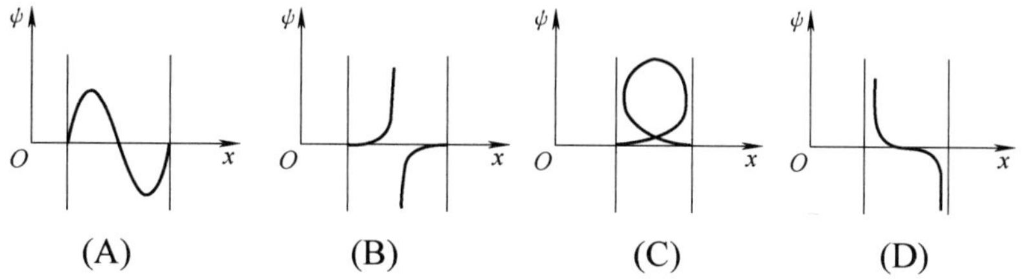

(A)　(B)　(C)　(D)

选择题 31-1 图

2. 将波函数在空间各点的振幅同时增大 D 倍，则粒子在空间的分布概率将（　　）

（A）增大 D^2 倍。　（B）增大 $2D$ 倍。　（C）增大 D 倍。　（D）不变。

3. 设粒子运动的波函数图线分别如选择题 31-3 图所示，那么其中确定粒子动量的精确度最高的波函数是哪个？（　　）

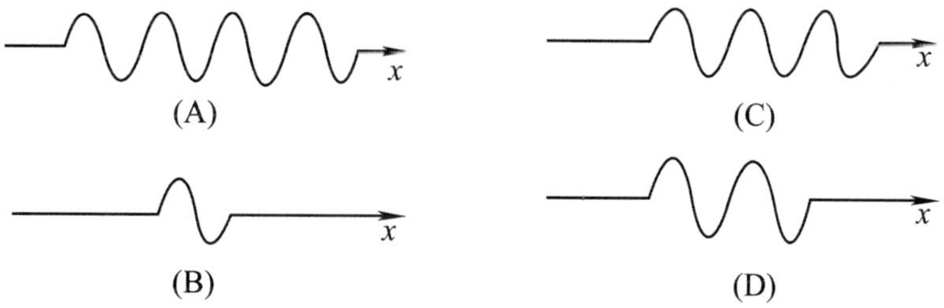

(A)　(C)

(B)　(D)

选择题 31-3 图

4. 关于量子力学中的定态，下面表述中错误的是哪个？（　　）

（A）系统的势函数一定与时间无关。　（B）系统的波函数一定与时间无关。

（C）定态具有确定的能量。　（D）粒子在空间各点出现的概率不随时间变化。

二、填空题

1. 波函数 $\psi(\boldsymbol{r},t)$ 满足的标准化条件为________________。归一化条件的表达式为________________。

2. 沿 x 方向运动的能量为 E、动量为 p 的自由粒子的波函数为________________。

3. 在电子衍射实验中，如果入射电子流的强度增加为原来的 N 倍，则在某处找到粒子的概率为原来的________倍。

4. 在量子力学中，微观粒子的运动状态可以用__________来描写，而__________应满足一个波动方程，这个方程称为______________。

5. ____________决定了微观粒子的运动特性，因此，在运用薛定谔方程处理量子力学问题时，首先要根据微观粒子的运动提出一个____________。

6. 一维自由粒子的定态薛定谔方程为________________________。

7. 在有心引力场 k/r^2 中运动的粒子的定态薛定谔方程为________________________。

三、计算题

1. 一粒子被限制在相距为 l 的两个不可穿透的壁之间，如计算题 31-1 图所示。描写粒子状态的波函数为 $\psi=cx(l-x)$，其中 c 为待定常量。求在 $\left(0, \frac{1}{3}l\right)$ 区间发现该粒子的概率。

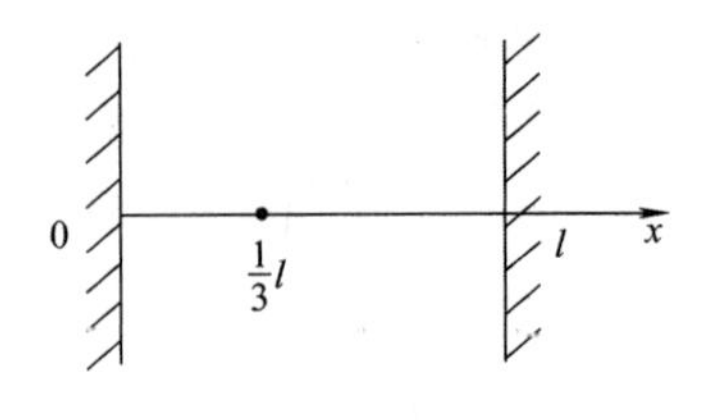

计算题 31-1 图

2. 当同时测量能量为 1keV 做一维运动的电子的位置与动量时，若位置的不确定值在 0.1nm（$1\text{nm}=10^{-9}\text{m}$）内，那么动量的不确定值的百分比 $\Delta p/p$ 至少为何值？（电子质量 $m_e=9.11\times10^{-31}\text{kg}$，$1\text{eV}=1.6\times10^{-19}\text{J}$，普朗克常量 $h=6.63\times10^{-34}\text{J}\cdot\text{s}$。）

四、简答题

1. 试阐述玻恩关于物质波的波函数的统计解释。

2. 粒子（a）、（b）的波函数分别如简答题 31-2 图所示，若用位置和动量描述它们的运动状态，两者中哪一粒子位置的不确定量较大？哪一粒子的动量的不确定量较大？为什么？

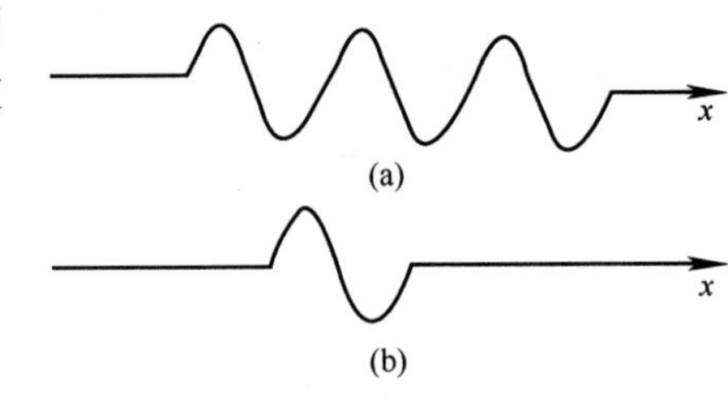

简答题 31-2 图

3. 试阐述微观粒子定态运动的特点。

练习三十二　一维无限深势阱　隧道效应

专业________　**学号**________　**姓名**________　**成绩**________

相关知识点：微观粒子运动的量子力学处理方法、粒子在一维无限深势阱中的波函数、能级及概率密度、粒子在一维势垒中的隧道效应

教学基本要求：

（1）理解一维无限深势阱中粒子的定态薛定谔方程的建立、求解、结论及其意义。

（2）了解隧道效应及其应用。

一、选择题

1. 下列波函数中合理的是　　（　　）

（A）$\psi(x)=\sin x$。　　（B）$\psi(x)=\tan x$。

（C）$\psi(x)=e^{x^2}$。　　（D）$\psi(x)=\begin{cases} e^{-x^2}, & x>0 \\ 0, & x<0 \end{cases}$。

2. 以下说法正确的是　　（　　）

（A）零点能的存在是量子力学特有的结论。

（B）势函数与时间无关，则粒子的波函数也与时间无关。

（C）当粒子在无限深势阱中运动时，其在势阱中任意位置出现的概率均不为零。

（D）粒子透过势垒的概率仅取决于势垒的宽度和高度。

3. 由量子力学可知，一维势阱中的粒子可以有若干能态，如果势阱的宽度缓慢地减少至较小宽度，则以下说法正确的是　　（　　）

（A）每个能级的能量减小。

（B）能级数增加。

（C）每个能级的能量保持不变。

（D）相邻能级间的能量差增加。

（E）粒子将不再留在阱内。

二、填空题

1. 如果一个粒子被限制在 $x=0$ 到 $x=L$ 的直线段上运动，则描述该粒子的波函数为零的区域为________________。

2. 一维有限方势阱 $U(x)=\begin{cases} U_0, & |x|\geqslant a \\ 0, & |x|<a \end{cases}$，粒子的能量为 E，质量为 m，则当 $|x|<a$ 时，粒子的定态薛定谔方程为__________________；$|x|\geqslant a$ 时，定态薛定谔方程为__________________。

3. 已知粒子在一维无限深势阱中运动，其波函数为 $\psi(x)=\frac{1}{\sqrt{a}}\cos\frac{3\pi x}{2a}(-a\leqslant x\leqslant a)$，那么粒子在 $x=5a/6$ 处出现的概率密度为__________。

4. 所谓隧道效应是指____。

5. 扫描隧道显微镜是利用电子的________________制成的仪器。

三、计算题

1. 按照量子力学的观点，微观粒子只能具有一系列分立的能量值，粒子所具有的最低能量称为基

态。试从薛定谔方程出发，通过求解来确定微观粒子在如计算题 32-1 图所示的一维无限深势阱中运动时的基态能量。（假设微观粒子的质量为 m）

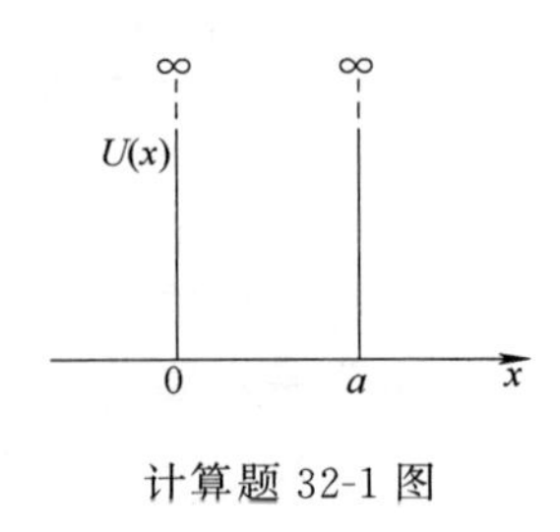

计算题 32-1 图

2. 试计算电子在宽度为 0.1nm 的一维无限深势阱中，处于能量量子数 $n=1$，2 能级的能量值。如果势阱宽度为 1.0cm，结果又如何？（电子质量为 $m=9.11\times10^{-31}$kg）

3. 粒子在一维无限深势阱中运动，其波函数为

$$\psi_n(x)=\sqrt{2/a}\sin(n\pi x/a)(0<x<a)$$

试求：粒子处于 $n=1$ 和 $n=2$ 的状态时，在 $0<x<a/3$ 区间内找到该粒子的概率。

4. 在一维无限深势阱中运动的粒子，由于边界条件的限制，势阱宽度 d 必须等于德布罗意波半波长的整数倍。试利用这一条件导出能量量子化公式 $E_n=\dfrac{n^2h^2}{8md^2}$（$n=1$，2，3，…）。[提示：利用非相对论的动能和动量的关系 $E_k=p^2/(2m)$]

练习三十三　原子中的电子　自旋

专业________　学号________　姓名________　成绩________

相关知识点： 描述原子中电子状态的 4 个量子数及其物理意义、电子自旋、泡利不相容原理、能量最小原理、原子壳层结构

教学基本要求：

(1) 了解氢原子的量子力学处理方法；了解氢原子的能量和角动量，了解主量子数和副量子数（角量子数）；了解空间量子化概念，了解磁量子数。

(2) 了解施特恩-格拉赫实验；了解电子自旋概念，了解自旋量子数。

(3) 理解泡利不相容原理和能量最低原理；了解原子的壳层模型；了解量子力学对化学元素周期表的解释。

一、选择题

1. 关于电子轨道角动量量子化的下列表述，错误的是　(　　)

(A) 电子轨道角动量的方向在空间是量子化的。

(B) 电子轨道平面的位置在空间是量子化的。

(C) 电子轨道角动量在空间任意方向的分量是量子化的。

(D) 电子轨道角动量在 z 轴上的投影是量子化的。

2. 直接证实了电子自旋存在的最早的实验之一是　(　　)

(A) 康普顿实验。　(B) 卢瑟福实验。

(C) 戴维孙-革末实验。　(D) 施特恩-格拉赫实验。

3. 有下列 4 组量子数：

(1) $n=3$，$l=2$，$m_l=0$，$m_s=\frac{1}{2}$。　(2) $n=3$，$l=3$，$m_l=1$，$m_s=\frac{1}{2}$。

(3) $n=3$，$l=1$，$m_l=-1$，$m_s=-\frac{1}{2}$。　(4) $n=3$，$l=0$，$m_l=0$，$m_s=-\frac{1}{2}$。

其中可以描述原子中电子状态的　(　　)

(A) 只有 (1) 和 (3)。　(B) 只有 (2) 和 (4)。

(C) 只有 (1)、(3) 和 (4)。　(D) 只有 (2)、(3) 和 (4)。

4. 在原子的 K 壳层中，电子可能具有的 4 个量子数(n, l, m_l, m_s)是

(1) $\left(1,1,0,\frac{1}{2}\right)$。　(2) $\left(1, 0, 0, -\frac{1}{2}\right)$。　(3) $\left(2, 1, 0, \frac{1}{2}\right)$。　(4) $\left(1,0,0,-\frac{1}{2}\right)$。

以上 4 种取值中，哪些是正确的？　(　　)

(A) 只有 (1)、(3) 是正确的。　(B) 只有 (2)、(4) 是正确的。

(C) 只有 (2)、(3)、(4) 是正确的。　(D) 全部是正确的。

二、填空题

1. 根据量子力学理论，氢原子中电子的角动量在外磁场方向上的投影为 $L_z=m_l\hbar$，当角量子数 $l=2$ 时，L 的可能取值为________________。

2. 在玻尔氢原子理论中，电子轨道角动量的最小值为________；而在量子力学理论中，电子轨道角动量的最小值为________。实验证明________理论的结果是正确的。

3. 1921 年，施特恩和格拉赫在实验中发现：一束处于 s 态的原子射线在非均匀磁场中分裂为两束。对于这种分裂，用电子轨道运动的角动量空间取向量子化难以解释，只能用________________来解释。电子的自旋磁量子数 m_s 只能取__________和________两个值。

4. 原子内电子的量子态由 n、l、m_l 及 m_s 这 4 个量子数表征。当 n、l、m_l 一定时，不同的量子态数目为

________；当 n、l 一定时，不同的量子态数目为________；当 n 一定时，不同的量子态数目为________。

5. 在下列各组量子数的下画线上填上适当的数值，以便使它们可以描述原子中电子的状态：

(1) $n=2$，$l=$________，$m_l=-1$，$m_s=\frac{1}{2}$；

(2) $n=2$，$l=1$，$m_l=$________，$m_s=\frac{1}{2}$；

(3) $n=2$，$l=1$，$m_l=0$，$m_s=$________。

6. 在多电子原子中，电子的排列遵循________________原理和________________原理。

三、计算与简答题

1. 根据量子力学理论，氢原子中电子的运动状态可用 n、l、m_l、m_s 这 4 个量子数来描述。试说明它们各自确定什么物理量。

2. 假设氢原子处于 $n=3$，$l=1$ 的激发态，则原子的轨道角动量在空间中有哪些可能取向？计算各可能取向的角动量与 z 轴之间的夹角。

3. 试求 d 分壳层最多能容纳的电子数，并写出这些电子的 m_l 和 m_s 值。

4. 根据泡利不相容原理，在主量子数 $n=2$ 的电子壳层上最多可能有多少个电子？试写出每个电子所具有的 4 个量子数 n、l、m_l、m_s 的值。

大学物理学习训练

（下）

练习参考答案

参考答案

练习一

一、选择题

1. D　2. C　3. D

二、填空题

1. 定向，正电荷的运动方向，$\oint_S \boldsymbol{j} \cdot \mathrm{d}\boldsymbol{S} = 0$；

2. $nqSv$，$nq\boldsymbol{v}$；

3. 1∶1，4∶1；

4. 非静电力，低电位（负极），高电位（正极），非静电能；

5. 磁效应，作用力，作用力，分子电流；

6. 与 x 轴平行，沿 z 轴负向。

三、计算题

1. **解**　电子漂移速率　$\bar{u}=\dfrac{j}{en}=\dfrac{I}{Sen}=\dfrac{4I}{\pi D^2 en}$，其中电子数密度 $n=\dfrac{\rho}{M}N_A$，

因此 $\bar{u}=\dfrac{4IM}{\pi D^2 e\rho N_A}=\dfrac{4\times30\times108\times10^{-3}}{3.14\times(1\times10^{-3})^2\times10.5\times10^3\times6.02\times10^{23}\times1.6\times10^{-19}}\mathrm{m/s}=4.08\times10^{-3}\mathrm{m/s}$

由分子热运动理论得自由电子的平均速率

$$\bar{v}=\sqrt{\frac{8kT}{\pi m}}=\sqrt{\frac{8\times1.38\times10^{-23}\times293}{3.14\times9.1\times10^{-31}}}\mathrm{m/s}=1.1\times10^5\mathrm{m/s}$$

可见在金属导体中电子的热运动平均速率远大于电子的漂移速率。

2. **解**　作用于电子上的磁场力为　$\boldsymbol{F}=e\boldsymbol{v}\times\boldsymbol{B}$

其中　$\boldsymbol{v}\times\boldsymbol{B}=(300\boldsymbol{i}-400\boldsymbol{j})\times(0.40\boldsymbol{i}-0.20\boldsymbol{j})=100\boldsymbol{k}(\mathrm{SI})$

则　$\boldsymbol{F}=e\boldsymbol{v}\times\boldsymbol{B}=(-1.6\times10^{-19})(100\boldsymbol{k})=-1.6\times10^{-17}\boldsymbol{k}(\mathrm{N})$

磁场力大小为 1.6×10^{-17}N，方向沿 z 轴负向。

四、简答题

1. **答**　(a) 垂直于纸面向外（沿 z 轴正向）；(b) 沿 x 轴负向；(c) 受力为零。

2. **答**　因为磁场力的方向还会随电荷速度方向的不同而不同，因而在磁场中同一点运动电荷受力的方向是不确定的。

练习二

一、选择题

1. D　2. C　3. E

二、填空题

1. $dB=\frac{\mu_0}{4\pi}\frac{Idl\sin\theta}{r^2}$；

2. $B=\frac{\mu_0 I}{4a}$；提示：两段直电流在 O 点处产生的磁感应强度都为零；

3. $\sqrt{2}\mu_0 I/(2R)$；　4. $\mu_0 nI$，$\frac{1}{2}\mu_0 nI$。

三、计算题

1. **解**　由毕奥-萨伐尔定律　$d\boldsymbol{B}=\frac{\mu_0}{4\pi}\frac{Id\boldsymbol{l}\times\boldsymbol{r}}{r^3}=\frac{\mu_0}{4\pi}\frac{(Idl)\ \boldsymbol{k}\times\ (x\boldsymbol{i}+y\boldsymbol{j}+z\boldsymbol{k})}{(x^2+y^2+z^2)^{3/2}}$

根据　$\boldsymbol{i}\times\boldsymbol{j}=\boldsymbol{k}$，$\boldsymbol{j}\times\boldsymbol{k}=\boldsymbol{i}$，$\boldsymbol{k}\times\boldsymbol{i}=\boldsymbol{j}$，可得　$dB_x=-\frac{\mu_0 Iy}{4\pi}\frac{dl}{(x^2+y^2+z^2)^{3/2}}$。

2. **解**　AB 段直电流在 O 处产生的磁感应强度的大小为 $B_1=0$。

CD 段直电流在 O 处产生的磁感应强度的大小为 $B_2=\frac{\mu_0 I}{4\pi R}$，方向竖直向下。

半圆弧 BC 在 O 处产生的磁感应强度的大小为 $B_3=\frac{\mu_0 I}{4R}$，方向垂直于圆弧面朝里。

因此，O 处磁感应强度的大小为 $B=\sqrt{B_2^2+B_3^2}=\frac{\mu_0 I}{4\pi R}\sqrt{\pi^2+1}$。

3. **解**　设线圈四个端点为 A、B、C、D，则 AB、AD 线段在 A 点产生的磁感应强度为零，

由 $B=\frac{\mu_0 I}{4\pi d}(\cos\theta_1-\cos\theta_2)$，得 BC、CD 在 A 点产生的磁感应强度分别为

$B_{BC}=\frac{\mu_0 I}{4\pi l}\left(\cos\frac{\pi}{2}-\cos\frac{3\pi}{4}\right)=\frac{\sqrt{2}\mu_0 I}{8\pi l}$，方向垂直纸面向里；

$B_{CD}=\frac{\mu_0 I}{4\pi l}\left(\cos\frac{\pi}{4}-\cos\frac{\pi}{2}\right)=\frac{\sqrt{2}\mu_0 I}{8\pi l}$，方向垂直纸面向里；

合磁感应强度为　$B=B_{BC}+B_{CD}=\frac{\sqrt{2}\mu_0 I}{4\pi l}$，方向垂直纸面向里。

4. **解**　圆心 O 点处的磁感应强度是带电的大半圆线圈转动产生的磁感应强度 $\boldsymbol{B}_1$、带电的小半圆线圈转动产生的磁感应强度 $\boldsymbol{B}_2$ 和两个带电线段 $b-a$ 转动产生的磁感应强度 $\boldsymbol{B}_3$ 的矢量和，由于它们的方向相同，所以有，$B_O=B_1+B_2+B_3$。

$I_1=\frac{\omega\pi b\lambda}{2\pi}$，　$B_1=\frac{\mu_0 I_1}{2b}=\frac{\mu_0\omega\pi b\lambda}{2b\cdot 2\pi}=\frac{\mu_0\omega\lambda}{4}$

$I_2=\frac{\omega\pi a\lambda}{2\pi}$，　$B_2=\frac{\mu_0 I_2}{2a}=\frac{\mu_0\omega\pi a\lambda}{2a\cdot 2\pi}=\frac{\mu_0\omega\lambda}{4}$

$dI_3=\frac{2\lambda\omega dr}{2\pi}$，　$dB_3=\frac{\mu_0 dI_3}{2r}=\frac{\mu_0\lambda\omega}{2\pi}\frac{dr}{r}$，$B_3=\int dB_3=\int_a^b\frac{\mu_0\lambda\omega}{2\pi}\frac{dr}{r}=\frac{\mu_0\lambda\omega}{2\pi}\ln\frac{b}{a}$

故

$$B_O=\frac{\mu_0\lambda\omega}{2\pi}\left(\pi+\ln\frac{b}{a}\right)$$

练习三

一、选择题

1. A　2. B　3. D

二、填空题

1. 0.024Wb，0，0.024Wb；　2. $\mu_0(I_2-I_1)$，$\mu_0(I_2+I_1)$；

3. 0，$\dfrac{\mu_0 I}{2\pi r}$；　4. $\dfrac{\mu_0 I}{2\pi R^2}r$，$\dfrac{\mu_0 I}{2\pi r}$。

三、计算题

1. **解**　采用补偿法。将薄壁管狭缝补全，并且具有相同的面电流密度 i，由于 $h \ll R$，相当于一无限长直线电流，对应的电流为 $I=ih$，为保持空间电流分布不变，可以设想在补全的位置处覆盖大小相同、方向相反的另一电流。

根据安培环路定理，无限长导体薄壁管在轴线处的磁感应强度 $B_1=0$；

无限长直线电流 $I=ih$ 在轴线处的磁感应强度 $B_2=\dfrac{\mu_0 I}{2\pi r}=\dfrac{\mu_0 ih}{2\pi r}$；

因此，有管轴线上磁感应强度大小为 $B=B_2=\dfrac{\mu_0 ih}{2\pi r}$。

2. **解**　沿着 z 轴从 $-\infty$ 到 $+\infty$ 可看成一闭合回路，根据安培环路定理，有

$\int_{-\infty}^{+\infty}\boldsymbol{B}\cdot \mathrm{d}\boldsymbol{l}=\oint \boldsymbol{B}\cdot \mathrm{d}\boldsymbol{l}=\mu_0 I$，依题意，$I=\dfrac{\mathrm{d}q}{\mathrm{d}t}=\dfrac{q}{T}=\dfrac{q}{2\pi/\omega_0}$。

因此，有

$$\int_{-\infty}^{+\infty}\boldsymbol{B}\cdot \mathrm{d}\boldsymbol{l}=\mu_0 I=\frac{\mu_0\omega_0 q}{2\pi}$$

3. **解**　以铜片左边缘一点为原点建立 x 轴，如计算题 3-3 解答图所示。在铜片上任意位置 x 处取电流元 $\mathrm{d}I=\dfrac{I}{a}\mathrm{d}x$，在 P 点的磁感应强度的大小为

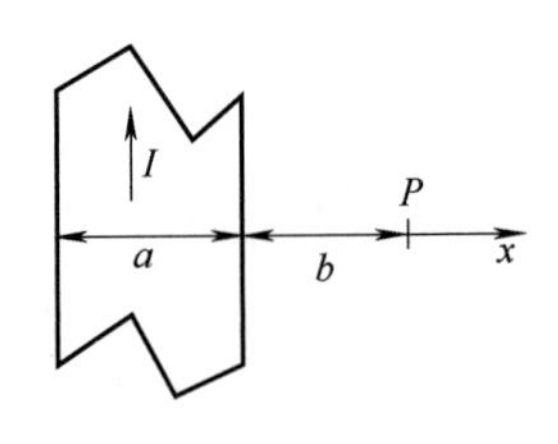

计算题 3-3 解答图

$$\mathrm{d}B=\frac{\mu_0\dfrac{I}{a}\mathrm{d}x}{2\pi(a+b-x)}$$，方向垂直纸面向内，

则 P 点处的磁感应强度大小为 $B=\displaystyle\int_0^a\frac{\mu_0\dfrac{I}{a}\mathrm{d}x}{2\pi(a+b-x)}=\frac{\mu_0 I}{2\pi a}\ln\frac{a+b}{b}$，方向垂直纸面向内。

4. **解**　圆电流产生的磁感应强度：$B_1=\dfrac{\mu_0 I_2}{2R}$，方向垂直纸面向外；

长直导线电流的磁感应强度：$B_2=\dfrac{\mu_0 I_2}{2\pi R}$，方向垂直纸面向外；

导体管电流产生的磁感应强度：$B_3=\dfrac{\mu_0 I_1}{2\pi(d+R)}$，方向垂直纸面向里；

圆心 O 点处的磁感应强度：

$$B=B_1+B_2-B_3=\frac{\mu_0 I_2}{2R}+\frac{\mu_0 I_2}{2\pi R}-\frac{\mu_0 I_1}{2\pi(d+R)}$$

方向垂直纸面向外。

练习四

一、选择题

1. C　2. B　3. A　4. C

二、填空题

1. 1∶2，1∶2；　2. BIa；　3. $\frac{a}{3}$；　4. $\frac{1}{2}\pi I(R_2^2-R_1^2)$，$\frac{1}{2}\pi IB(R_2^2-R_1^2)$。

三、计算题

1. **解**　直导线 AC 和 BD 受力大小相等、方向相反且在同一直线上，故合力为零。对于半圆部分，如计算题 4-1 解答图所示，取电流元 $Id\boldsymbol{l}$，则

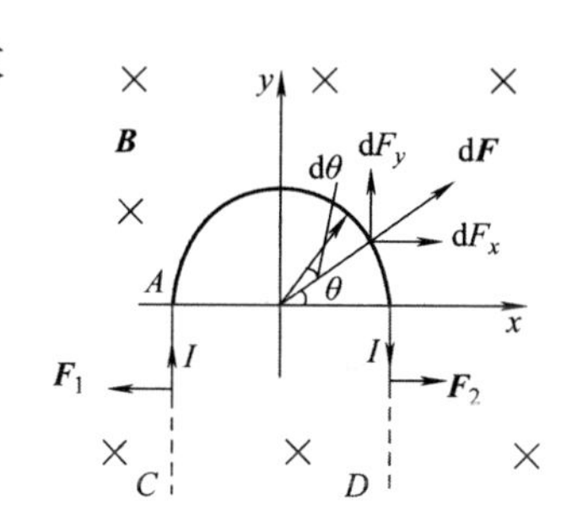

计算题 4-1 解答图

$\mathrm{d}\boldsymbol{F}=I\mathrm{d}\boldsymbol{l}\times\boldsymbol{B}$，$\mathrm{d}F=IRB\mathrm{d}\theta$。

由于对称性 $\int \mathrm{d}F_x=0$，故

$F=F_y=\int \mathrm{d}F_y=\int_0^{\pi} IRB\sin\theta\mathrm{d}\theta=2IRB$，方向沿 y 轴正向。

或用等效电流求解。

2. **解**　电流 I_1 产生的磁感应强度的大小为 $B=\frac{\mu_0 I_1}{2\pi r}$，其中 r 为离开 I_1 的垂直距离。

导线 AB 上任一电流元 $I_2\mathrm{d}\boldsymbol{l}$ 受力的大小为 $\mathrm{d}F_{AB}=\frac{\mu_0 I_1}{2\pi(a+l)}I_2\mathrm{d}l$，方向垂直 AB 向下，所以

$F_{AB}=\int_0^b \frac{\mu_0 I_1 I_2}{2\pi(a+l)}\mathrm{d}l=\frac{\mu_0 I_1 I_2}{2\pi}\ln\frac{a+b}{a}$，方向垂直 AB 向下。

导线 AC 上任取一电流元 $I_2\mathrm{d}l$，设它离开 I_1 的距离为 r，则电流元 $I_2\mathrm{d}\boldsymbol{l}$ 所受力的大小为 $\mathrm{d}F_{AC}=I_2\mathrm{d}l\cdot B$

根据几何关系有　$\mathrm{d}l=\frac{\mathrm{d}r}{\cos\theta}$，所以 $\mathrm{d}F_{AC}=\frac{\mu_0 I_1 I_2}{2\pi r}\frac{\mathrm{d}r}{\cos\theta}$，

$F_{AC}=\int_a^{a+b}\frac{\mu_0 I_1 I_2\mathrm{d}r}{2\pi r\cos\theta}=\frac{\mu_0 I_1 I_2}{2\pi}\frac{1}{\cos\theta}\ln\frac{a+b}{a}$，$\boldsymbol{F}_{AC}$ 的方向与 AC 垂直向上。

3. **解**　(1) $\boldsymbol{m}=I\boldsymbol{S}=I\frac{\pi R^2}{2}\boldsymbol{e}_n$，其中，$\boldsymbol{e}_n$ 为垂直纸面向外的单位矢量，磁力矩

$$\boldsymbol{M}=\boldsymbol{m}\times\boldsymbol{B}=\frac{I\pi R^2}{2}\boldsymbol{e}_n\times\boldsymbol{B}$$

$\boldsymbol{M}$ 的大小为 $M=\frac{I\pi R^2 B}{2}=\frac{1}{2}\times10\pi(0.10)^2\times5.0\times10^{-2}\mathrm{N\cdot m}=7.9\times10^{-3}\mathrm{N\cdot m}$。

(2) $W=\int_0^{\frac{\pi}{2}}M\mathrm{d}\varphi=I\Delta\Phi=\frac{1}{2}I\pi R^2 B=7.9\times10^{-3}\mathrm{J}$。

4. **解**　$r\to r+\mathrm{d}r$ 环上电荷　　$\mathrm{d}q=\sigma\cdot2\pi r\mathrm{d}r$

环以 ω 角速度转动，相应的电流为　$\mathrm{d}I=\frac{\mathrm{d}q}{T}=\frac{\omega}{2\pi}\mathrm{d}q=\omega\sigma r\mathrm{d}r=k\omega r^2\mathrm{d}r$

磁矩大小为　　$\mathrm{d}m=\pi r^2\mathrm{d}I=\pi k\omega r^4\mathrm{d}r$

作用于环上的磁力矩为　　$\mathrm{d}M=B\mathrm{d}m=\pi k\omega r^4 B\mathrm{d}r$

圆盘所受总磁力矩的大小　　$M=\int\mathrm{d}M=\int_0^R\pi k\omega Br^4\mathrm{d}r=\frac{\pi k\omega BR^5}{5}$，$\boldsymbol{M}$ 方向垂直 $\boldsymbol{B}$ 向上。

练习五

一、选择题

1. C　2. C　3. D　4. B

二、填空题

1. 铁磁质，顺磁质，抗磁质；

2. $B=\mu_0\mu_r nI$，$H=nI$；

3. $H=\frac{I}{2\pi r}$，$B=\mu H=\frac{\mu I}{2\pi r}$。

三、计算题

1. **解**　（1）$B=\mu_0\mu_r nI=4\pi\times10^{-7}\times600\times\frac{500}{50\times10^{-2}}\times0.3\text{T}=0.226\text{T}$；

（2）$H=nI=\frac{500}{50\times10^{-2}}\times0.3\text{A/m}=300\text{A/m}$。

2. **解**　螺绕环内的磁感应强度的大小为 $B=\mu_0\mu_r H=\mu_0\mu_r nI$，

解得　$\mu_r=\frac{B}{\mu_0 nI}=\frac{1.0}{4\pi\times10^{-7}\times\frac{10}{1\times10^{-2}}\times2.0}=3.98\times10^2$。

3. **解**　铁心中的磁感应强度的大小为 $B=\mu_0\mu_r nI$，

解得　$I=\frac{B}{\mu_0\mu_r n}=\frac{0.15}{4\pi\times10^{-7}\times500\times\frac{360}{2\pi\times0.1}}\text{A}=0.417\text{A}$

4. **解**　由安培环路定理　$\oint_L \boldsymbol{H}\cdot\mathrm{d}\boldsymbol{l}=\sum I_i$

$0<r<R_1$ 区域：$2\pi rH=\frac{I\pi r^2}{\pi R^2}=\frac{Ir^2}{R^2}$，

$H=\frac{Ir}{2\pi R_1^2}$，$B=\frac{\mu_0 Ir}{2\pi R_1^2}$；

$R_1<r<R_2$ 区域：$H=\frac{I}{2\pi r}$，$B=\frac{\mu I}{2\pi r}$；

$R_2<r<R_3$ 区域：$2\pi rH=I-\frac{I\pi^2(r^2-R_2^2)}{\pi^2(R_3^2-R_2^2)}$；

$H=\frac{I}{2\pi r}\left(1-\frac{r^2-R_2^2}{R_3^2-R_2^2}\right)$，$B=\mu_0 H=\frac{\mu_0 I}{2\pi r}\left(1-\frac{r^2-R_2^2}{R_3^2-R_2^2}\right)$；

$r>R_3$ 区域：$H=0$，$B=0$。

四、简答题

答　不能。因为它并不是真正在磁介质表面流动的传导电流，而是由分子电流叠加而成，只是在产生磁场这一点上与传导电流相似。

练习六

一、选择题

1. B　2. D　3. B　4. D

二、填空题

1. 3.18T/s；　2. $\frac{\mu_0 I\pi r^2}{2a}\cos\omega t$，$\frac{\mu_0 I\omega\pi r^2}{2aR}\sin\omega t$；

3. $-ab\omega B_0\cos\omega t$；　4. $NbB\omega A\cos\left(\omega t+\frac{\pi}{2}\right)$。

三、计算题

1. **解**　$I_i=\frac{\mathscr{E}_i}{R}=-\frac{1}{R}\frac{d\Phi}{dt}$，$\Delta\Phi=\int RI_i dt=Rq=25\times2.0\times10^{-5}\,\text{Wb}=5\times10^{-4}\,\text{Wb}$。

2. **解**　环心所在处磁感应强度的大小为 $B=\frac{\mu_0 I}{2\pi a}$。

当通有电流时，由于 $a\gg r$，近似有通过圆环所围面积的磁通量为 $\psi_m=BS=\frac{\mu_0 I}{2a}r^2$。

在电流被切断后，沿着导线环流过的电荷量为 $q=-\frac{1}{R}\Delta\psi=\frac{1}{R}(0-\psi_m)=\frac{\mu_0 I}{2aR}r^2$。

3. **解**　在矩形线圈上距直导线 x 处，取一宽为 dx、长为 l，且与直导线平行的窄长条，该窄长条上磁感应强度的大小为 $B=\frac{\mu_0 I}{2\pi x}$，以顺时针方向为正。

磁通量为
$$d\Phi=BdS=\frac{\mu_0 Il}{2\pi x}dx$$

整个线圈的磁通量为
$$\Phi=\int_a^b\frac{\mu_0 Il}{2\pi x}dx=\frac{\mu_0 Il}{2\pi}\ln\frac{b}{a}$$

感应电动势为
$$\mathscr{E}=-\frac{d\Phi}{dt}=-\frac{\mu_0 l}{2\pi}\left(\ln\frac{b}{a}\right)\frac{dI}{dt}=-\frac{\mu_0 l\omega}{2\pi}\left(\ln\frac{b}{a}\right)I_0\cos\omega t$$

4. **解**　建立如计算题 6-4 解答图所示的坐标系，长直导线为 y 轴，BC 边为 x 轴，原点在长直导线上，任意时刻，B 点的位置为 $x_B=d+vt$，以顺时针方向为正，在三角形上任意位置 x 处，取宽为 dx、高为 $y=\frac{b}{a}(x-x_B)$的窄条，则三角形中的磁通量为

$$\Phi=\int\boldsymbol{B}\cdot d\boldsymbol{S}=\int\frac{\mu_0 I}{2\pi x}y\,dx=\int_{x_B}^{x_B+a}\frac{\mu_0 I}{2\pi x}\frac{b}{a}(x-x_B)dx$$

$$=\frac{\mu_0 I}{2\pi}\left(b-\frac{b}{a}x_B\ln\frac{a+x_B}{x_B}\right)$$

$$\mathscr{E}=-\frac{d\Phi}{dt}=\frac{\mu_0 Ib}{2\pi a}\left[\ln\frac{a+x_B}{x_B}-\frac{a}{(x_B+a)}\right]\frac{dx_B}{dt}$$

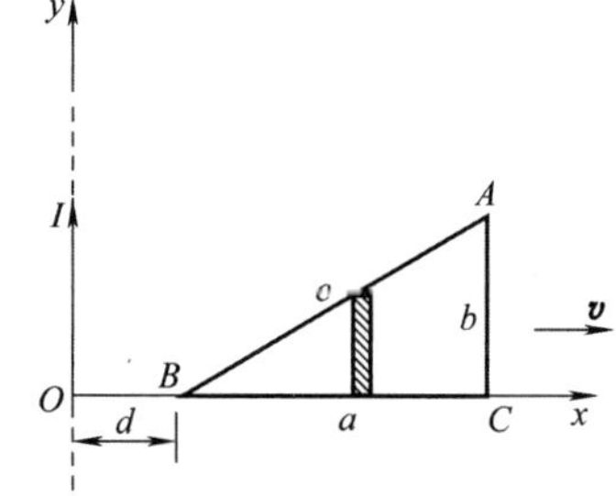

计算题 6-4 解答图

当 $x_B=d$ 时，$\mathscr{E}=\frac{\mu_0 Ib}{2\pi a}\left[\ln\frac{a+d}{d}-\frac{a}{(d+a)}\right]v$。

四、简答题

答略

练习七

一、选择题

1. A　2. D　3. D　4. B

二、填空题

1. $BLv\sin\theta$，a，$Blv(1-\cos\theta)$，a；　2. $\frac{1}{2}BL^2\omega$；　3. $-\frac{\sqrt{3}}{4}R^2\frac{\mathrm{d}B}{\mathrm{d}t}$。

三、计算题

1. **解**　t 秒末导线的速度大小为 $v=gt$，导线两端的电势差即为其动生电动势

$$\mathscr{E}=\int Bv\,\mathrm{d}l=\int_a^{a+l}\frac{\mu_0 I}{2\pi r}gt\,\mathrm{d}r=\frac{\mu_0 Igt}{2\pi}\ln\frac{a+l}{a}$$

电动势方向由 M 指向 N，即 N 端电势高，因此 $U_{MN}=U_M-U_N=-\mathscr{E}=-\frac{\mu_0 Igt}{2\pi}\ln\frac{a+l}{a}$。

2. **解**　$v_\perp=v\sin\theta$，$v_{/\!/}=v\cos\theta$，所以有

$$\mathscr{E}=\int\mathrm{d}\mathscr{E}=\int_{x_2}^{x_1}\frac{\mu_0 I}{2\pi x}v\sin\theta\,\mathrm{d}x$$

式中，$x_1=a+l+vt\cos\theta$；$x_2=a+vt\cos\theta$。

$$\mathscr{E}=\frac{\mu_0 I}{2\pi}v\sin\theta\ln\frac{a+l+vt\cos\theta}{a+vt\cos\theta}$$

A 端的电势高。

3. **解**　（1）如计算题 7-3 解答图所示，建立 x 轴，bc 边与 x 轴正向夹角为 $\theta=\pi/6$，在 bc 边上离 ab 边任意距离 x 处取线元 $\mathrm{d}l$，沿 $abca$ 绕向为正向，在线元 $\mathrm{d}l$ 上的动生电动势为

$$\mathrm{d}\mathscr{E}=(\boldsymbol{v}\times\boldsymbol{B})\cdot\mathrm{d}\boldsymbol{l}=vB\mathrm{d}l\cos\theta=\omega xB\mathrm{d}x$$

计算题 7-3 解答图

因此，bc 边上沿 bc 的电动势为 $\mathscr{E}_{bc}=\int\mathrm{d}\mathscr{E}=\int_0^{l\cos\theta}\omega xB\,\mathrm{d}x=\frac{3}{8}\omega Bl^2$。

（2）同理，ca 边上沿 ca 的电动势为 $\mathscr{E}_{ca}=\int\mathrm{d}\mathscr{E}=\int_{l\cos\theta}^0\omega xB\,\mathrm{d}x=-\frac{3}{8}\omega Bl^2$。

（3）由于 $\mathscr{E}_{ab}=0$，所以金属框内的总电动势为 $\mathscr{E}=\mathscr{E}_{bc}+\mathscr{E}_{ca}+\mathscr{E}_{ab}=0$。

4. **解**　设动生电动势和感生电动势分别用 $\mathscr{E}_1$ 和 $\mathscr{E}_2$ 表示，则总电动势为 $\mathscr{E}=\mathscr{E}_1+\mathscr{E}_2$。

$$\mathscr{E}_1=vB_1l-vB_2l$$

其中，$B_1=\frac{\mu_0 I_0}{2\pi(a-b)}+\frac{\mu_0 i}{2\pi(a+b)}$；$B_2=\frac{\mu_0 I_0}{2\pi(a+b)}+\frac{\mu_0 i}{2\pi(a-b)}$。

因为此时 $i=I_0$，$B_1=B_2=\frac{\mu_0 I_0}{2\pi(a-b)}+\frac{\mu_0 I_0}{2\pi(a+b)}$，所以 $\mathscr{E}_1=0$。

$$\mathscr{E}=\mathscr{E}_2=-\int\frac{\partial B}{\partial t}\mathrm{d}S$$

其中，$B=\frac{\mu_0 I_0}{2\pi x}+\frac{\mu_0 i}{2\pi(2a-x)}$，$x$ 为线框左侧距左侧导线的距离。

所以

$$\mathscr{E}=\mathscr{E}_2=-\int\frac{\partial B}{\partial t}\mathrm{d}S=\frac{\mu_0}{2\pi}l\frac{\mathrm{d}i}{\mathrm{d}t}\int_{a-b}^{a+b}\frac{1}{2a-x}\mathrm{d}x=\frac{\mu_0 lI_0}{2\pi}\left(\ln\frac{a+b}{a-b}\right)\frac{\mathrm{d}i}{\mathrm{d}t}$$

因为此时 $i=I_0\cos\omega t=I_0$，所以 $\cos\omega t=1$，$\sin\omega t=0$，$\frac{\mathrm{d}i}{\mathrm{d}t}=-\omega I_0\sin\omega t=0$，所以此时 $\mathscr{E}=\mathscr{E}_2=0$。

练习八

一、选择题

1. C　2. D　3. C　4. C

二、填空题

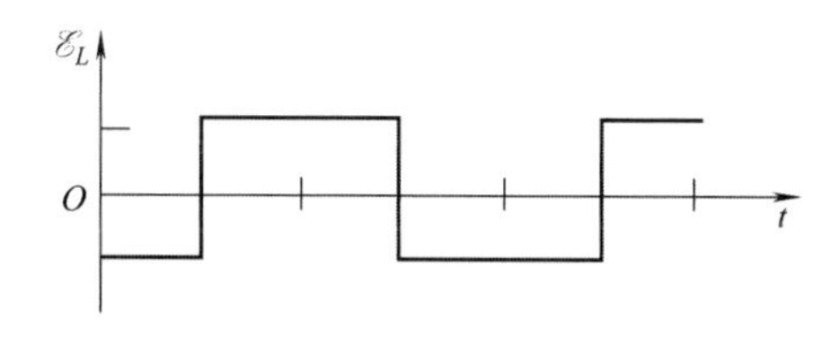

填空题 8-2 解答图

1. 1/4；
2. 见填空题 8-2 解答图；
3. 0；4. $BS\cos\omega t$，$\omega BS\sin\omega t$，kS。

三、计算题

1. **解**　$L=\mu_0\mu_r n^2 V=\mu_0\mu_r\left(\frac{N}{l}\right)^2 l\pi\left(\frac{d}{2}\right)^2=\frac{\mu_0\mu_r N^2\pi d^2}{4l}=3.70\text{H}$。

2. **解**　(1) $\mathscr{E}_L=-L\frac{\mathrm{d}i}{\mathrm{d}t}=-L\frac{\Delta I}{\Delta t}$，$L=\left|-\mathscr{E}_L\frac{\Delta t}{\Delta I}\right|=400\times\frac{0.002}{(12-10)}\text{H}=0.4\text{H}$；

(2) $\mathscr{E}_L=-L\frac{\mathrm{d}i}{\mathrm{d}t}=-L\frac{\Delta I}{\Delta t}$，$|\mathscr{E}_L|=\left|L\frac{\Delta I}{\Delta t}\right|=0.25\times\frac{2-0}{0.01}\text{V}=50\text{V}$。

3. **解**　在导线所在平面内取垂直于导线的坐标轴 r，并设原点在左导线中心，忽略两导线内部的磁通量，通过两导线间长为 l、宽为 d 的面积内的磁通量为

$$\Phi=\int\mathrm{d}\Phi=\int Bl\,\mathrm{d}r=\int_a^{d-a}\left[\frac{\mu_0 I}{2\pi r}+\frac{\mu_0 I}{2\pi(d-r)}\right]l\,\mathrm{d}r=\frac{\mu_0 Il}{\pi}\ln\frac{d-a}{a}$$

根据定义，单位长度的自感为 $L=\frac{\Phi}{Il}=\frac{\mu_0}{\pi}\ln\frac{d-a}{a}$。

4. **解**　设线圈 1 半径为 R，线圈 2 半径为 r。

当线圈 1 通以电流 I，线圈 1 在线圈 2 处产生的磁感应强度的大小为 $B=\frac{N_1\mu_0 IR^2}{2(R^2+l^2)^{3/2}}$。

线圈 1 在线圈 2 处的磁通量为 $\psi=N_2BS=\frac{N_1N_2\mu_0 IR^2}{2(R^2+l^2)^{3/2}}\pi r^2$。

两线圈的互感为 $M=\frac{\psi}{I}=\frac{N_1N_2\mu_0\pi R^2r^2}{2\ (R^2+l^2)^{3/2}}$。

5. **解**　设半径为 a 的长螺线管中通入电流 I_0，则管内的均匀磁场 $B_a=\mu_0 n_0 I_0=\mu_0 N_1 I_0/l$。

通过半径为 b 的长螺线管横截面积的磁通量为 $\Phi_b=B_aS_b==\mu_0 N_1 I_0\pi b^2/l$。

通过半径为 b 的长螺线管的磁链为 $\psi_b=N_2\Phi_b=\mu_0 N_1 N_2 I_0\pi b^2/l$。

根据定义 $M=\frac{\psi_b}{I_0}=\mu_0 N_1 N_2\pi b^2/l$。

四、简答题

答　如简答题 8-1 图所示，把金属丝对折成双线如图缠绕即可。

这样绕制时，近似地说，标准电阻部分的回路包围的面积为零，有电流时磁通量为零，故自感为零。

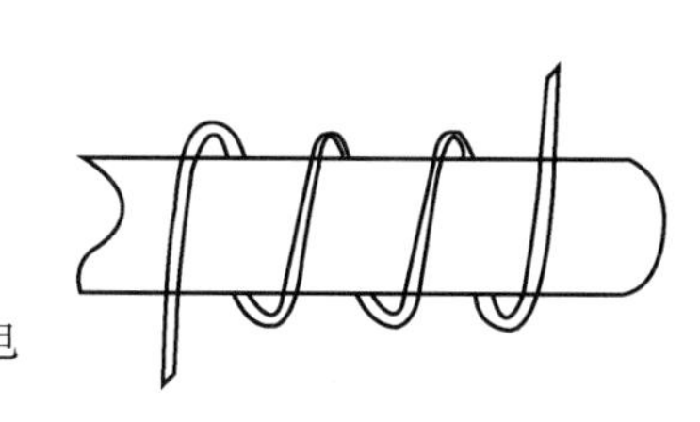
简答题 8-1 图

练习九

一、选择题

1. D　2. D　3. A

二、填空题

1. 1∶16；　2. 9.6J；　3. $\frac{\mu_0 N^2 I^2 S}{2l}$；　4. 4倍，0；　5. 0，$\frac{\mu_0 I^2 r^2}{8\pi^2 R^4}$。

三、计算题

1. **解**　$w_m=\frac{1}{2}\mu H^2=\frac{1}{2}\mu(nI)^2$，由于环心磁导率 $\mu=\mu_0$，所以

$I=\frac{1}{n}\sqrt{2w_m/\mu_0}=\frac{\sqrt{2\times 1/(4\pi\times 10^{-7})}}{10\times 10^2}\text{A}=1.26\text{A}$。

2. **解**　(1) 以垂直纸面向内为正向，图中 O 点处的磁感应强度的大小为

$B_O=B_1+B_2=\frac{\mu_0 I}{2\pi a}-\frac{\mu_0 I}{2\pi a}=0$，磁能密度 $w_{mO}=\frac{B_O^2}{2\mu_0}=0$。

(2) 图中 P 点处的磁感应强度的大小为 $B_P=B_1+B_2=-\frac{\mu_0 I}{2\pi a}-\frac{\mu_0 I}{2\pi 3a}=-\frac{2\mu_0 I}{3\pi a}$，

磁能密度 $w_{mP}=\frac{B_P^2}{2\mu_0}=\frac{2\mu_0 I^2}{9\pi^2 a^2}$。

3. **解**　长直密绕螺线管的自感 $L=\mu_0\mu_r n^2 V=\mu\left(\frac{N}{l}\right)^2 l\pi r^2$，磁能为 $W_m=\frac{1}{2}LI^2$。

因此，$L_1:L_2=\mu_1 r_1^2:\mu_2 r_2^2=1:2$；由于电流相同，所以 $W_{m1}:W_{m2}=L_1:L_2=1:2$。

4. **解**　导线内距轴线 r 处，由安培环路定理可得 $B=\frac{\mu_0 Ir}{2\pi R^2}$，在 r 处取厚度为 $\mathrm{d}r$ 的薄球壳，薄壳处的磁能密度为

$$w_m=\frac{B^2}{2\mu_0}=\frac{\mu_0 I^2 r^2}{8\pi^2 R^4}$$

薄壳中的磁能为 $\mathrm{d}W_m=w_m\mathrm{d}V=w_m 2\pi r\mathrm{d}r=\frac{\mu_0 I^2}{4\pi R^4}r^3\mathrm{d}r$，

则导线内所储存的磁能为 $W_m=\int_0^R\frac{\mu_0 I^2}{4\pi R^4}r^3\mathrm{d}r=\frac{\mu_0 I^2}{16\pi}$。

5. **解**　(1) 空间磁感应强度分布为

$$B=\begin{cases}\frac{\mu_1 Ir}{2\pi R_1^2}, & 0\leqslant r\leqslant R_1\\ \frac{\mu_2 I}{2\pi r}, & R_1\leqslant r\leqslant R_2\\ 0, & r>R_2\end{cases}$$

其中，$\mu_1=\mu_{r1}\mu_0$；$\mu_2=\mu_{r2}\mu_0$。

则单位长度电缆内储存的磁能为

$$\begin{aligned}W&=\int_V\frac{B^2}{2\mu}\mathrm{d}V=\int_0^{R_1}\frac{1}{2\mu_0}\frac{\mu_0^2 I^2}{4\pi^2 R_1^4}r^2 2\pi r\mathrm{d}r+\int_{R_1}^{R_2}\frac{1}{2\mu_2}\frac{\mu_2^2 I^2}{4\pi^2 r^2}2\pi r\mathrm{d}r\\&=\left[\frac{\mu_0}{16\pi}+\frac{\mu_2}{4\pi}\ln\left(\frac{R_2}{R_1}\right)\right]I^2\end{aligned}$$

(2) 由 $W=\frac{1}{2}LI^2$，相对上式有 $L=\frac{2W}{I^2}=\frac{\mu_0}{8\pi}+\frac{\mu_2}{2\pi}\ln\left(\frac{R_2}{R_1}\right)$。

练习十

一、选择题

1. C　2. A　3. B　4. B

二、填空题

1. 见填空题 10-1 解答图；

填空题 10-1 解答图

2. 垂直纸面向里，垂直 OP 连线向下；

3. $\varepsilon_0 \pi R^2 \dfrac{dE}{dt}$；4. $J=\dfrac{\partial D}{\partial t}=\dfrac{\omega q_0 \cos\omega t}{A}$。

三、计算题

1. **解**　设平行板电容器板面积为 S，间距为 d，板间电位移矢量的大小为 D：

$$I_d=\frac{d\Phi_D}{dt}=S\frac{dD}{dt}=\varepsilon_0 S\frac{dE}{dt}=\frac{\varepsilon_0 S}{d}\frac{dU}{dt}=C\frac{dU}{dt}=20.0\times10^{-6}\times1.5\times10^5\,\text{A}=3.0\,\text{A}$$

2. **解**　$J_d=\dfrac{\partial D}{\partial t}=\dfrac{dD}{dt}=\varepsilon_0\dfrac{dE}{dt}=-\dfrac{\varepsilon_0 E_0}{RC}e^{-t/(RC)}=-\dfrac{\varepsilon_0}{RC}E$

位移电流密度矢量的方向与电场强度的方向相反。

3. **解**　根据高斯定理，有 $\boldsymbol{E}=\dfrac{q(t)}{4\pi\varepsilon_0\varepsilon_r r^2}\boldsymbol{r}_0$

而
$$U=\frac{q(t)}{4\pi\varepsilon_0\varepsilon_r}\left(\frac{1}{R_1}-\frac{1}{R_2}\right)=\frac{q(t)(R_2-R_1)}{4\pi\varepsilon_0\varepsilon_r R_1 R_2}$$

因此
$$\boldsymbol{E}=\frac{UR_1R_2}{r^2(R_2-R_1)}\boldsymbol{r}_0$$

位移电流密度为
$$\boldsymbol{J}_d=\frac{\partial\boldsymbol{D}}{\partial t}=\varepsilon_0\varepsilon_r\frac{\partial\boldsymbol{E}}{\partial t}=\frac{\varepsilon_0\varepsilon_r R_1R_2}{r^2(R_2-R_1)}U_0\omega\cos\omega t\,\boldsymbol{r}_0$$

所以位移电流为
$$I_d=\int\boldsymbol{J}_d\cdot d\boldsymbol{S}=J_d\cdot4\pi r^2=\frac{4\pi\varepsilon_0\varepsilon_r R_1R_2}{R_2-R_1}U_0\omega\cos\omega t$$

四、简答题

1. **答**　(1) $\oint_S\boldsymbol{D}\cdot d\boldsymbol{S}=\int_V\rho\, dV$，电荷总伴随有电场；

(2) $\oint_L\boldsymbol{E}\cdot d\boldsymbol{l}=-\int_S\dfrac{\partial\boldsymbol{B}}{\partial t}\cdot d\boldsymbol{S}$，变化的磁场一定伴随有电场；

(3) $\oint_L\boldsymbol{H}\cdot d\boldsymbol{l}=-\int_S\left(\boldsymbol{j}+\dfrac{\partial\boldsymbol{D}}{\partial t}\right)\cdot d\boldsymbol{S}$，变化的电场一定伴随有磁场；

(4) $\oint_S\boldsymbol{B}\cdot d\boldsymbol{S}=0$，磁感应线是无头无尾的。

2. **答**　(1) 左图情况下，因为平板电容器的电荷不变，当两板间距改变时电场强度不变，故无位移电流。(2) 右图情况下，电容改变而电源所加电压不变，所以电容器上的电荷必定改变，极板间电位移也必定改变，由位移电流定义 $I_d=d\Phi_d/dt$ 可知存在位移电流。

练习十一

一、选择题

1. E　2. C　3. D　4. C

二、填空题

1. b，a、e；　　2. $2\sqrt{m}$；

3. π，$-\frac{\pi}{2}$，$\frac{\pi}{3}$；　　4. 0；

5. $x=0.15\cos(6\pi t+0.5\pi)$；

6. $x_2=A\cos(\omega t+\alpha-\pi/2)$。

三、计算题

1. **解**　(1) 令 $x=A\cos(\omega t+\varphi)=0.04\cos(5\pi t/3-\pi/2)$，对比可得 $\omega=5\pi/3$，$T=\frac{2\pi}{\omega}=1.2\text{s}$。

(2) $v=\frac{\mathrm{d}x}{\mathrm{d}t}=-0.04\times\frac{5\pi}{3}\sin(5\pi t/3-\pi/2)$，当 $t=0.6\text{s}$ 时，$v=-0.209\text{m}\cdot\text{s}^{-1}$。

2. **解**　$t=0$ 时，$x_0=A\cos\varphi=0.04\text{m}$，$v_0=\left.\frac{\mathrm{d}x}{\mathrm{d}t}\right|_{t=0}=-\omega A\sin\varphi=0.09\text{m/s}$，

$A=\sqrt{x_0^2+\left(\frac{v_0}{\omega}\right)^2}=0.05\text{m}$，由 $\cos\varphi=x_0/A>0$，$\sin\varphi=-v_0/(\omega A)<0$ 可知，φ 在第四象限，

由 $\cos\varphi=x_0/A=0.8$，得 $\varphi=-0.21\pi$ 或 $\varphi=-37°$。

3. **解**　(1) $F=ma$，其中 $a=\frac{\mathrm{d}^2x}{\mathrm{d}t^2}=-5\sin(5t-\pi/6)(\text{SI})$，因此 $t=0$ 时，$a=2.5\text{ m/s}^2$。

代入数据得作用于质点的作用力为 $F=5\text{N}$；

(2) 根据 $F=ma$，有 $F=-10\sin(5t-\pi/6)(\text{SI})$，当 $\sin(5t-\pi/6)=\pm1$ 时，作用于质点的力有最大值，$F_{\max}=10\text{N}$，此时质点位于 $x=0.2\sin(5t-\pi/6)=\pm0.2\text{m}$，即最大位移处。

4. **解**　设小球的质量为 m，则弹簧的劲度系数 $k=mg/l_0$。选平衡位置为原点，向下为正方向。

小球在 x 处时，根据牛顿第二定律，得 $mg-k(l_0+x)=m\frac{\mathrm{d}^2x}{\mathrm{d}t^2}$。

将 $k=mg/l_0$ 代入整理后，得 $\frac{\mathrm{d}^2x}{\mathrm{d}t^2}+\frac{g}{l_0}x=0$。

所以此振动为简谐运动，其角频率为 $\omega=\sqrt{\frac{g}{l_0}}=28.58\text{rad/s}=9.1\pi\text{ rad/s}$。

设振动表达式为 $x=A\cos(\omega t+\varphi)$，由题意，$t=0$ 时，$x_0=A=2\times10^{-2}\text{m}$，$v_0=0$，

解得 $\varphi=0$，所以 $x=2\times10^{-2}\cos(9.1\pi t)(\text{m})$。

练习十二

一、选择题

1. B　2. B　3. B　4. B

二、填空题

1. $0.04\cos\left(4\pi t-\frac{\pi}{2}\right)$ (m)；　2. $\pi/6$；　3. $0.04\cos\left(\pi t-\frac{\pi}{2}\right)$ (m)；　4. $A\cos\left(2\pi\frac{t}{T}+\frac{\pi}{3}\right)$。

三、计算题

1. **解**　已知物体做简谐运动，假设物体的运动方程为 $x=A\cos(\omega t+\varphi)$，由计算题 12-1 图可知，振幅 $A=2\text{cm}$，$t=0$ 时，$x_0=-1\text{cm}=-A/2$，$v_0<0$；$t=1\text{s}$ 时，$x=A$；由旋转矢量图（见计算题 12-1 解答图）可知：
$t=0$ 时，相位 $\omega t+\varphi=2\pi/3$；$t=1\text{s}$ 时，相位 $\omega t+\varphi=2\pi$。
解得　$\varphi=2\pi/3$，$\omega=4\pi/3$，所以物体的运动方程为

$$x=2\cos\left(\frac{4}{3}\pi t+\frac{2}{3}\pi\right)\ (\text{cm})$$

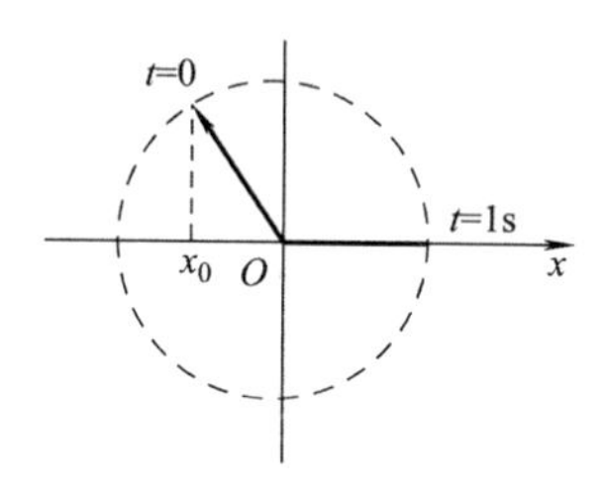

计算题 12-1 解答图

2. **解**　碰撞后振子的质量为 $m+m_0$，故角频率 $\omega=\sqrt{\frac{k}{m_0+m}}$。

设碰撞后系统的速度为 v_0，碰撞过程中动量守恒，故得到 $v_0=\frac{mv_1}{m_0+m}$。

系统的初始动能为 $\frac{1}{2}(m_0+m)v_0^2$，在最大位移处初始动能全部转换为弹性势能 $\frac{1}{2}kA^2$，因此振幅

$$A=\sqrt{(m_0+m)v_0^2/k}=\sqrt{m^2v_1^2/[k(m_0+m)]}=mv_1/\sqrt{k(m_0+m)}$$

令振动方程为 $x=A\cos(\omega t+\varphi)$，则速度 $v=\frac{\mathrm{d}x}{\mathrm{d}t}=-\omega A\sin(\omega t+\varphi)$。

当 $t=0$ 时，$A\cos\varphi=x=0$，$v=-\omega A\sin\varphi=v_0<0$，利用旋转矢量图可得初相位 $\varphi=\frac{\pi}{2}$。

3. **解**　(1) 势能 $E_p=kx^2/2$，总能量 $E=kA^2/2$。根据题意，$kx^2/2=kA^2/4$，
得到 $x=\pm A/\sqrt{2}=\pm4.24\times10^{-2}\text{m}$，此时系统的势能为总能量的一半。

(2) 简谐运动的周期 $T=2\pi/\omega=6\text{s}$，利用旋转矢量图，可得从平衡位置运动到 $x=\pm A/\sqrt{2}$ 的最短时间 t 为 $T/8$，所以 $t=0.75\text{s}$。

4. **解**　(1) 以弹簧、滑轮、物体、地球组成系统，弹簧处于原长时为势能零点，设任意时刻，弹簧伸长量为 l，速度为 v，滑轮转动角速度为 ω，则该系统的机械能为

$$E=\frac{1}{2}mv^2+\frac{1}{2}J\omega^2+\frac{1}{2}kl^2-mgl$$

由于只有保守力做功，系统机械能守恒，故应有

$$\frac{\mathrm{d}E}{\mathrm{d}t}=mv\frac{\mathrm{d}v}{\mathrm{d}t}+J\omega\frac{\mathrm{d}\omega}{\mathrm{d}t}+kl\frac{\mathrm{d}l}{\mathrm{d}t}-mg\frac{\mathrm{d}l}{\mathrm{d}t}=0$$

其中，$\frac{\mathrm{d}l}{\mathrm{d}t}=v$；$\omega=\frac{v}{R}$。

化简得

$$\left(m+\frac{J}{R^2}\right)\frac{\mathrm{d}^2l}{\mathrm{d}t^2}+k(l-mg/k)=0$$

设系统处于平衡位置时，弹簧的伸长量为 l_0，则 $mg=kl_0$，以平衡位置为原点，有 $x=l-l_0$

得　$\frac{\mathrm{d}^2x}{\mathrm{d}t^2}+\frac{k}{m+J/R^2}x=0$，可见物体做简谐运动。

(2) 物体做简谐运动的角频率和周期分别为 $\omega=\sqrt{k/(m+J/R^2)}$ 和 $T=2\pi\sqrt{(m+J/R^2)/k}$。

练习十三

一、选择题

1. C　2. B　3. C　4. C

二、填空题

1. 4×10^{-2}m，$\frac{1}{2}\pi$；　2. $x=2\cos3t$；　3. $x=0.04\cos(\pi t-\pi/2)$；　4. 0.1，$\frac{\pi}{2}$；　5. 0。

三、计算题

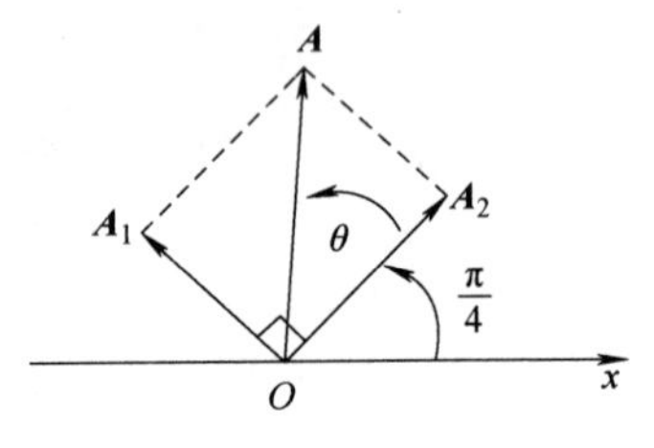

计算题 13-1 解答图

1. **解**　(1) 根据题意，画出旋转矢量图（见计算题 13-1 解答图）。

$$A=\sqrt{A_1^2+A_2^2}=\sqrt{0.05^2+0.06^2}\text{m}=0.078\text{m}$$

$\tan\theta=A_1/A_2=5/6$，$\theta=39.8°=39°48'$，$\varphi_0=\varphi_{20}+\theta=84°48'$。

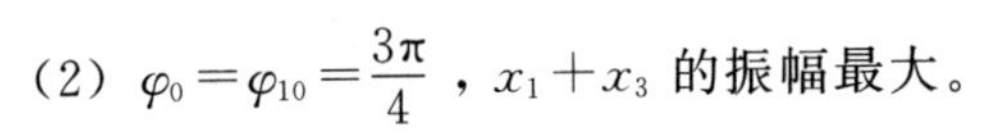
(2) $\varphi_0=\varphi_{10}=\frac{3\pi}{4}$，$x_1+x_3$ 的振幅最大。

$\varphi_0-\varphi_{20}=\pm\pi$，即 $\varphi_0=\varphi_{20}\pm\pi=\frac{5\pi}{4}\left(\text{或}-\frac{3\pi}{4}\right)$时，$x_2+x_3$ 的振幅最小。

2. **解**　设当 m 离开平衡位置的位移为 x 时，劲度系数为 k_1 和 k_2 的两根轻弹簧的伸长量分别为 x_1 和 x_2，且满足关系 $x_1+x_2=x$，此时两根弹簧之间、第二根弹簧与和物体之间的作用力相等。因此有 $k_1x_1=k_2x_2$。根据牛顿定律，有

$$m\frac{\mathrm{d}^2x}{\mathrm{d}t^2}=-k_1x_1\text{，解得}\quad m\frac{\mathrm{d}^2x}{\mathrm{d}t^2}=-\frac{k_1k_2}{k_1+k_2}x$$

令 $\omega^2=\frac{k_1k_2}{m(k_1+k_2)}$，得振动频率 $\nu=\frac{1}{2\pi}\sqrt{\frac{k_1k_2}{m(k_1+k_2)}}$。

3. **解**　**方法一**：以弹簧的固有长度的端点为坐标原点，向右为正建立坐标 S。对 m_1 和 m_2 应用牛顿第二定律，对 m 应用刚体定轴转动定律，得到

$$F_1-kS=m_1a=m_1\frac{\mathrm{d}^2S}{\mathrm{d}t^2}\text{，}m_2g-F_2=m_2a=m_2\frac{\mathrm{d}^2S}{\mathrm{d}t^2}\text{，}(F_2-F_1)R=J\alpha=\frac{1}{2}mR^2\alpha$$

加速度和角加速度之间具有关系 $\alpha=\frac{a}{R}=\frac{1}{R}\frac{\mathrm{d}^2S}{\mathrm{d}t^2}$，解方程组得

$$\left(m_1+m_2+\frac{1}{2}m\right)\frac{\mathrm{d}^2S}{\mathrm{d}t^2}+k\left(S-\frac{m_2g}{k}\right)=0$$

令 $x=S-\frac{m_2g}{k}$，上式简化为$\frac{\mathrm{d}^2x}{\mathrm{d}t^2}+\frac{k}{m_1+m_2+m/2}x=0$，因此系统做简谐运动。

系统的振动圆频率为 $\omega=\sqrt{\frac{k}{m_1+m_2+m/2}}$。

方法二：在该系统的振动过程中，只有重力和弹簧的弹性力做功，因此该系统的机械能守恒。

$$\frac{1}{2}kS^2+\frac{1}{2}m_1v^2+\frac{1}{2}J\omega^2+\frac{1}{2}m_2v^2-m_2gS=0$$

将 $\omega=\frac{v}{R}$得 $J=\frac{1}{2}mR^2$ 代入上式，得

$$\left(m_1+m_2+\frac{1}{2}m\right)\frac{\mathrm{d}^2S}{\mathrm{d}t^2}+k\left(S-\frac{m_2g}{k}\right)=0$$

同样，有系统的振动圆频率为 $\omega=\sqrt{\frac{k}{m_1+m_2+m/2}}$。

练习十四

一、选择题

1. C　2. D　3. C　4. B　5. A

二、填空题

1. 0.5m，2.5m/s，5Hz；　2. $y=A\cos\left[\omega\left(t-\dfrac{x}{u}\right)+\varphi_0\right]$，$\dfrac{\omega}{u}(x_2-x_1)$；

3. 1s；　4. 向下，向上，向上；　5. $0.2\pi^2\cos\left(\pi t+\dfrac{3}{2}\pi\right)$（$\mathrm{m/s^2}$）$\left(\text{提示：}a=\dfrac{\partial^2 y}{\partial t^2}\right)$。

三、计算题

1. **解**　（1）由题意，该简谐波波动周期 $T=2\pi/\omega$，波长为 $\lambda=uT=2\pi u/\omega$，波沿 Ox 轴正向传播，由图可知 O 点比 P 点相位超前，或在时间上超前 $\Delta t=L/u$。

因此，O 点振动方程为 $y_O=A\cos(\omega t+\varphi_O)=A\cos[\omega(t+L/u)+\varphi]$。

（2）Ox 轴上任一点 x 处质点的运动步调在时间上比 O 点落后 $\Delta t=x/u$，或在相位上比 O 点落后 $\Delta\varphi=-2\pi x/\lambda=-\omega x/u$，因此波函数为

$$y_O=A\cos(\omega t+\varphi_O+\Delta\varphi)=A\cos\left[\omega\left(t+\frac{L-x}{u}\right)+\varphi\right]$$

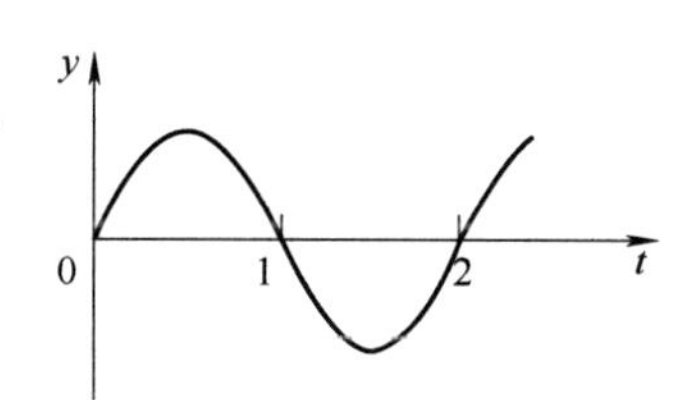

P处质点的振动曲线

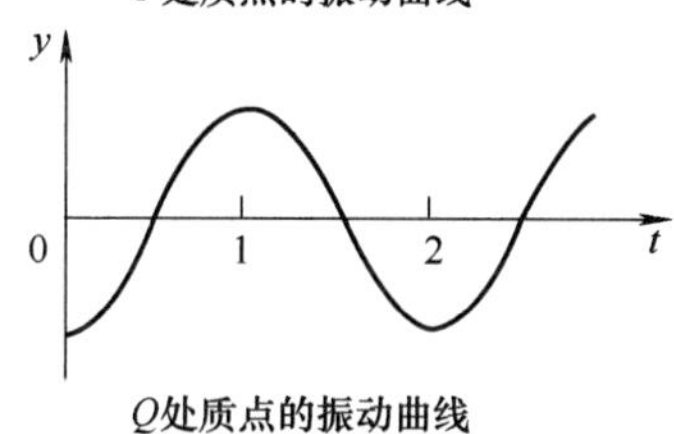

Q处质点的振动曲线

计算题 14-2 解答图

2. **解**　如计算题 14-2 解答图所示，振幅 $A=0.02$m，波长 $\lambda=40$m，周期 $T=\lambda/u=2$s，波函数为

$$y=A\cos\left[2\pi\left(\frac{t}{T}-\frac{x}{\lambda}\right)+\frac{\pi}{2}\right]=0.02\cos\left(\pi t-\frac{\pi x}{20}+\frac{\pi}{2}\right)\ \text{(SI)}$$

P 处（$x=20$m）质点的振动方程为 $y_P=0.02\cos\left(\pi t-\dfrac{\pi}{2}\right)$（m）。

Q 处（$x=30$m）质点的振动方程为 $y_Q=0.02\cos(\pi t-\pi)$（m）。

P 处质点与 Q 处质点的振动曲线如计算题 14-2 解答图所示。

3. **解**　（1）以 O 点为坐标原点，设 O 点处的振动方程为 $y=A\cos(\omega t+\varphi_0)$。由计算题 14-3 图可知，初始时刻 O 点位于平衡位置且向 y 轴负向移动，由旋转矢量图可得 $\varphi_0=\pi/2$。故波函数为 $y=A\cos\left[\omega\left(t-\dfrac{x}{u}\right)+\dfrac{\pi}{2}\right]$。

（2）$x=\lambda/8$ 处质点的振动方程为 $y=A\cos\left[\omega\left(t-\dfrac{\lambda}{8u}\right)+\dfrac{\pi}{2}\right]=A\cos\left(\omega t+\dfrac{\pi}{4}\right)$，

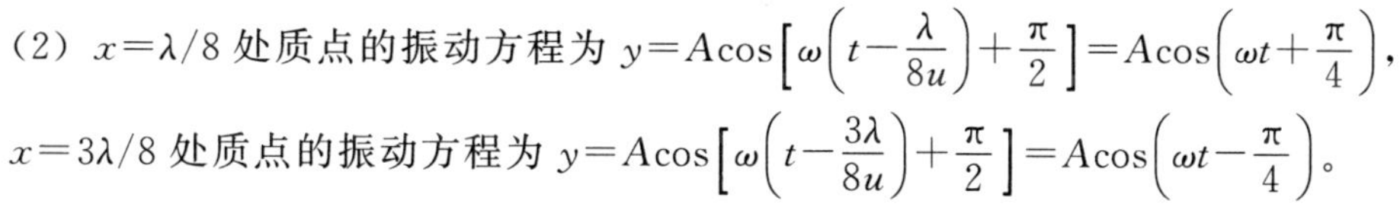
$x=3\lambda/8$ 处质点的振动方程为 $y=A\cos\left[\omega\left(t-\dfrac{3\lambda}{8u}\right)+\dfrac{\pi}{2}\right]=A\cos\left(\omega t-\dfrac{\pi}{4}\right)$。

（3）质点的振动速度为 $v=\dfrac{\partial y}{\partial t}=-\omega A\sin\left[\omega\left(t-\dfrac{x}{u}\right)+\dfrac{\pi}{2}\right]$。

当 $t=0$ 时，$x=\lambda/8$ 处质点的振动速度为 $v=-\omega A\sin\left(-\omega\dfrac{\lambda}{8u}+\dfrac{\pi}{2}\right)=-\omega A\sin\dfrac{\pi}{4}=-\dfrac{\sqrt{2}}{2}\omega A$。

当 $t=0$ 时，$x=3\lambda/8$ 处质点的振动速度为 $v=-\omega A\sin\left(-\omega\dfrac{3\lambda}{8u}+\dfrac{\pi}{2}\right)=-\omega A\sin\left(-\dfrac{\pi}{4}\right)=\dfrac{\sqrt{2}}{2}\omega A$。

4. **解**　由计算题 14-4 解答图可知波长 $\lambda=2$m，由 $u=0.5\mathrm{m/s^1}$，可求出频率 $\nu=u/\lambda=0.25$Hz，故周期 $T=4$s，角频率 $\omega=\dfrac{2\pi}{T}=\dfrac{\pi}{2}\mathrm{s^{-1}}$。

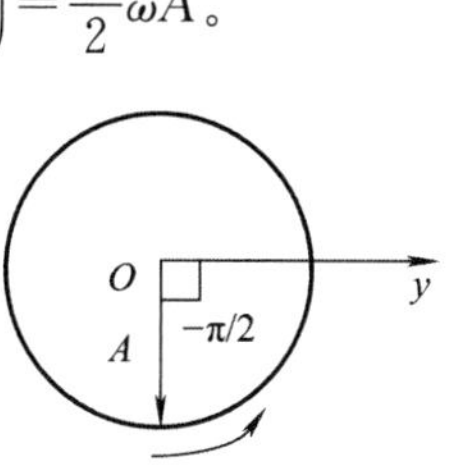

计算题 14-4 解答图

设原点的振动方程为 $y=A\cos(\omega t+\varphi_0)$，由计算题 14-4 解答图可知，当 $t=2$s 时，原点 O 位于平衡位置，且向 y 轴正向运动，由旋转矢量图可知此时原点 O 的相位为 $\omega t+\varphi_0=\dfrac{3}{2}\pi$ 或 $-\dfrac{1}{2}\pi$，解得 $\varphi_0=\dfrac{1}{2}\pi$ 或 $-\dfrac{3}{2}\pi$。

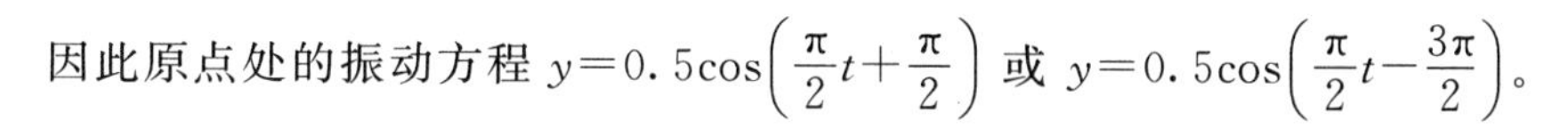
因此原点处的振动方程 $y=0.5\cos\left(\dfrac{\pi}{2}t+\dfrac{\pi}{2}\right)$ 或 $y=0.5\cos\left(\dfrac{\pi}{2}t-\dfrac{3\pi}{2}\right)$。

练习十五

一、选择题

1. B　2. C　3. B　4. D

二、填空题

1. 0.5m；
2. 0.8m，0.2m，125Hz，0；
3. 2；
4. 5J；
5. $IS\cos\theta$。

三、计算题

1. **解**　(1) 以波源为原点，且波沿 x 轴正向传播，根据旋转矢量，波源的振动初相位为 $\varphi_0=0$。因此波动表达式应有的形式为 $y=A\cos\left[2\pi\left(\frac{t}{T}-\frac{x}{\lambda}\right)+\varphi_0\right]=0.1\cos[4\pi(t-x/20)]$ (SI)。

(2) $t_1=T/4$ 时刻，$x_1=\lambda/4$ 处质点的位移 $y=0.1\cos\left[4\pi\left(\frac{1}{8}-\frac{1}{8}\right)\right]\text{m}=0.1\text{m}$。

(3) 振动速度 $v=\frac{\partial y}{\partial t}=-0.4\pi\sin\left[4\pi\left(t-\frac{x}{20}\right)\right]$ (SI)，

$t_2=T/2$ 时刻，$x_1=\lambda/4$ 处质点的振动速度 $v=\frac{\partial y}{\partial t}=-0.4\pi\sin\left[4\pi\left(\frac{1}{4}-\frac{1}{8}\right)\right]\text{m/s}=-1.26\text{m/s}$。

2. **解**　(1) 沿波传播方向相位依次落后，因此坐标为 x 点的振动相位为

$\omega t+\varphi=4\pi[t+(x/u)]=4\pi[t+(x/20)]$，波的表达式为 $y=3\times10^{-2}\cos\left(4\pi t+\frac{\pi}{5}x\right)$ (SI)。

(2) 由计算题 15-2 图可知 B 点比 A 点相位落后，B 点的振动初相位为 $\varphi_B=4\pi[0+(-5/20)]=-\pi$，取 B 点为坐标原点，则坐标为 x 点的振动相位为 $\omega t+\varphi=4\pi t-\pi+\frac{\pi}{5}x$。

此时波的表达式为 $y=3\times10^{-2}\cos\left(4\pi t+\frac{\pi}{5}x-\pi\right)$ (SI)。

3. **解**　(1) 平均能流 $\overline{P}=\frac{E}{t}=\frac{2.7\times10^{-2}}{10}\text{J/s}=2.7\times10^{-3}\text{J/s}$。

(2) 平均能流密度 $I=\frac{\overline{P}}{S}=\frac{2.7\times10^{-3}}{3\times10^{-2}}\text{J}\cdot\text{s}^{-1}\cdot\text{m}^{-2}=9.00\times10^{-2}\text{J}\cdot\text{s}^{-1}\cdot\text{m}^{-2}$。

(3) 根据 $I=\overline{w}u$，平均能量密度 $\overline{w}=\frac{I}{u}=\frac{9.0\times10^{-2}}{330}\text{J}\cdot\text{m}^{-3}=2.73\times10^{-4}\text{J}\cdot\text{m}^{-3}$。

四、简答题

见简答题 15-1 解答图。

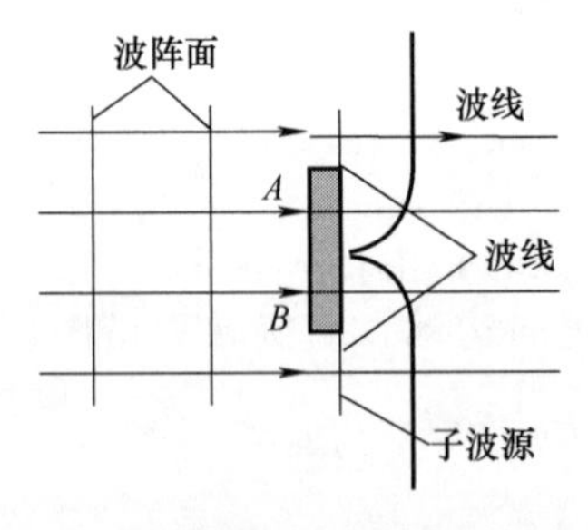

简答题 15-1 解答图

练习十六

一、选择题

1.C　2.D　3.D　4.B　5.B

二、填空题

1.0，2.0×10^{-2}m；　2.0 或 -4π；　3. $\sqrt{A_1^2+A_2^2+2A_1A_2\cos\frac{2\pi(L-2r)}{\lambda}}$；　4.$\pi$；　5.$\lambda/2$，$\lambda/2$。

三、计算题

1. **解**　两列波在相遇点 P 点的相位差为

$$\Delta\varphi=(\varphi_2-\varphi_1)-\frac{2\pi}{\lambda}(r_2-r_1)=\left(-\frac{\pi}{2}-\frac{\pi}{2}\right)-\frac{2\pi}{\lambda}\left(\frac{7}{2}\lambda-2\lambda\right)=-4\pi$$

依题意，合振动振幅为 $A_P=\sqrt{A^2+A^2+2A\cdot A\cos\Delta\varphi}=2A$。

2. **解**　每一波传播的距离都是波长的整数倍，所以三个波在 O 点的振动方程仍可写成

$$y_1=A_1\cos(\omega t+\pi/2),\ y_2=A_2\cos\omega t,\ y_3=A_3\cos(\omega t-\pi/2)$$

其中，$A_1=A_2=A$；$A_3=2A$。

在 O 点，三个简谐振动叠加，利用简谐振动的旋转矢量表示法，可以画出 $t=2k\pi$ 时刻的振幅矢量图（见计算题 16-2 解答图）。根据矢量多边形的加法，可得 O 点合振动方程为 $y=\sqrt{2}A\cos(\omega t-\pi/4)$。

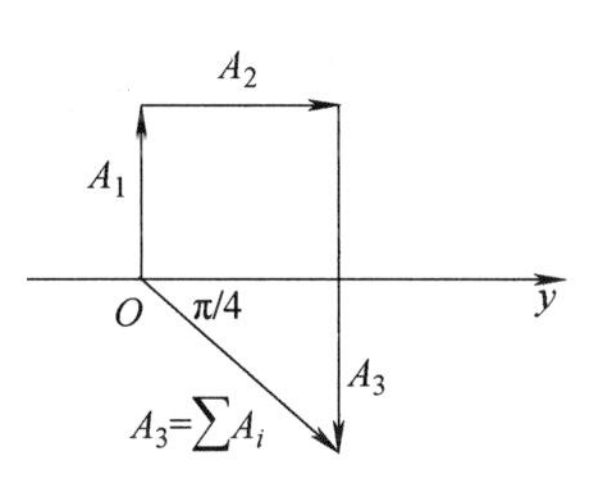

计算题 16-2 解答图

3. **解**　(1) 反射波引起的固定端的振动表达式为 $y_{2O}=A\cos2\pi\nu t$，由于固定端反射存在半波损失，因此入射波引起的该固定端的振动表达式为 $y_{1O}=A\cos(2\pi\nu t+\pi)$。

根据表达式 $y_2=A\cos[2\pi(\nu t-x/\lambda)]$可知，反射波沿 x 轴正向传播，因此入射波必沿 x 轴负向传播，因此，入射波表达式为 $y_{1O}=A\cos\left(2\pi\nu t+\frac{2\pi}{\lambda}x+\pi\right)$。

(2) 驻波的表达式 $y=y_1+y_2=A\cos[2\pi(\nu t+x/\lambda)+\pi]+A\cos[2\pi(\nu t-x/\lambda)]$

$$=2A\cos(2\pi\nu t+\pi/2)\cos(2\pi x/\lambda-\pi/2)=2A\sin(2\pi\nu t)\sin(2\pi x/\lambda)。$$

4. **解**　(1) 将波动方程与标准波动方程 $y=A\cos[2\pi(\nu t-x/\lambda)]$对比，可得两列波的波长 $\lambda=2$m，频率 $\nu=2$Hz，波速 $u=\lambda\nu=4\text{m}\cdot\text{s}^{-1}$。

第一列波沿 x 轴正向传播，第二列波沿 x 轴负方向传播。

(2) 细绳上的波是上述两个波叠加形成的波

$$y=y_1+y_2=0.12\cos\pi x\cos4\pi t$$

显然上式表示的是驻波方程，所以细绳在做驻波式振动。

波节：由 $\cos x=0$，即 $\pi x=(2k+1)\pi/2$ 求出波节位置

$$x=(k+0.5)(\text{m})\quad(k=0,1,2,\cdots)$$

波腹：由 $\cos x=1$，即 $\pi x=k\pi$ 求出波腹位置

$$x=k(\text{m})(k=0,1,2,\cdots)$$

(3) 波腹处的振幅 $A=0.12$m，$x=1.2$m 处，振幅 $A=0.12\cos(1.2\pi)=0.097$m

练习十七

一、选择题

1. D　2. B　3. C　4. C

二、填空题

1. ν_S，$\dfrac{u+v_R}{u}\nu_S$；
2. 660Hz，550Hz；
3. 0.279m，0.334m；
4. z 轴正方向，c；
5. 横，真空中的光速 c，相互垂直，同相；
6. $y_2=0.15\cos\left[100\pi\left(t+\dfrac{x}{200}\right)+\dfrac{\pi}{2}\right]$(m)，$y=y_1+y_2=0.3\cos\dfrac{\pi x}{2}\cos\left(100\pi t+\dfrac{\pi}{2}\right)$(m)。

三、计算题

1. **解**　由题意，声源的频率为 $\nu_S=1/T=2\text{Hz}$，火车的速度为 $v_R=\dfrac{72\times10^3}{3600}\text{m/s}=20\text{m/s}$，

则人听到的频率为　　$\nu'=\dfrac{u+v_R}{u}\nu_S=\dfrac{340+20}{340}\times2\text{Hz}=2.12\text{Hz}$

因此，1min 内人听到的响声次数为 $n=60\times2.12/\text{min}\approx127\text{min}$。

2. **解**　假设汽车的速度为 v，过程 1：波源发出的频率为 $\nu=100\text{kHz}$ 的波入射到汽车上，由于多普勒效应，汽车接收到的波的频率为 $\nu_1=\dfrac{u+v}{u}\nu$。

过程 2：由于多普勒效应，接收器接收到的从汽车反射回来的波的频率为 $\nu_2=\dfrac{u}{u-v}\nu_1$。

联立以上两式解得车速 $v=\dfrac{\nu_2-\nu}{\nu_2+\nu}u=\dfrac{110-100}{110+100}\times330\text{m/s}=15.7\text{m/s}$。

3. **解**　两相干波源传到 S_1 左侧某点，它们在该点振动的相位差为

$$\Delta\varphi=(\varphi_2-\varphi_1)-\frac{2\pi}{\lambda}(r_2-r_1)=(\varphi_2-\varphi_1)-\frac{2\pi}{\lambda}\frac{3\lambda}{4}=(\varphi_2-\varphi_1)-\frac{3\pi}{2}$$

在 S_1 左侧各点干涉极大，故相位差为 $(\varphi_2-\varphi_1)-\dfrac{3\pi}{2}=2k\pi$，

即两波源的相位差为 $(\varphi_2-\varphi_1)=2k\pi+\dfrac{3\pi}{2}$，相位差可取 $3\pi/2$ 或 $-\pi/2$。

4. **解**　(1) 反射点是固定端，所以反射时有“半波损失”，因反射时无能量损失，故反射波的振幅为 A，因此反射波的方程为

$$y_2=A\cos\left[2\pi\left(\frac{t}{T}-\frac{x}{\lambda}\right)+\pi\right]。$$

(2) 驻波的表达式为

$$\begin{aligned}y&=y_1+y_2\\&=2A\cos\left(2\pi\frac{x}{\lambda}-\frac{\pi}{2}\right)\cos\left(2\pi\frac{t}{T}+\frac{\pi}{2}\right)\end{aligned}$$

(3) 波腹位置由下式确定：

$2\pi\dfrac{x}{\lambda}-\dfrac{\pi}{2}=n\pi$，即 $x=(2n+1)\dfrac{\lambda}{4}$，$n=0，1，2，3，4，\cdots$

波节位置由下式确定：

$2\pi\dfrac{x}{\lambda}-\dfrac{\pi}{2}=n\pi+\dfrac{\pi}{2}$，即 $x=n\dfrac{\lambda}{2}$，$n=0，1，2，3，\cdots$

练习十八

一、选择题

1. C　2. C　3. D　4. B　5. B

二、填空题

1. $3\lambda/2n$，1.5λ；　2. $[r_2+(n_2-1)t_2]-[r_1+(n_1-1)t_1]$；

3. 上，$(n-1)e$；　4. $\frac{I_0}{4}$；　5. $\frac{D}{d}\lambda$。

三、计算题

1. **解**　两束相干光相干叠加的总光强为 $I=I_{01}+I_{02}+2\sqrt{I_{01}I_{02}}\cos\Delta\varphi$，其中 $\Delta\varphi$ 为两束相干光的相位差，当 $\Delta\varphi=2k\pi$ 时，最大光强 $I_{\max}=4I_0$；当 $\Delta\varphi=2k\pi+\pi$ 时，最小光强 $I_{\min}=0$。

2. **解**　（1）根据光的干涉原理，干涉明条纹的条件为 $\Delta\varphi=2k\pi$，由于 $SS_1=SS_2$，双缝 S_1 和 S_2 发出的两列相干波具有相同的初始相位，它们在 P 点处的相位差与光程差具有关系 $\Delta\varphi=\frac{2\pi}{\lambda}\delta$。同理，当 P 点处为第 3 级明条纹时，应有 $\delta=3\lambda$。

（2）假设该透明液体的折射率为 n，应有 $\delta'=n\delta=4\lambda$，则 $n=\delta'/\delta=4/3$。

3. **解**　双缝未覆盖玻璃片之前，两束光到达中央明条纹所在处 O 点的光程差为 $r_2-r_1=0$。

双缝覆盖玻璃片之后，O 点变为第 5 级明条纹，因此，两束光到达 O 点后的光程差为

$$[n_2d+(r_2-d)]-[n_1d+(r_1-d)]=5\lambda$$

因此，

$$(n_2-n_1)d=5\lambda$$

$$d=\frac{5\lambda}{n_2-n_1}=\frac{5\times480\times10^{-9}}{1.7-1.4}\text{m}=8\times10^{-6}\text{m}$$

4. **解**　如计算题 18-4 解答图所示，屏上 P 点处，从两缝射出光的光程差为 $\delta=x\frac{d}{D}$，明条纹条件 $\delta=\pm k\lambda$。屏上明纹位置 $x=\pm k\frac{D}{d}\lambda$。

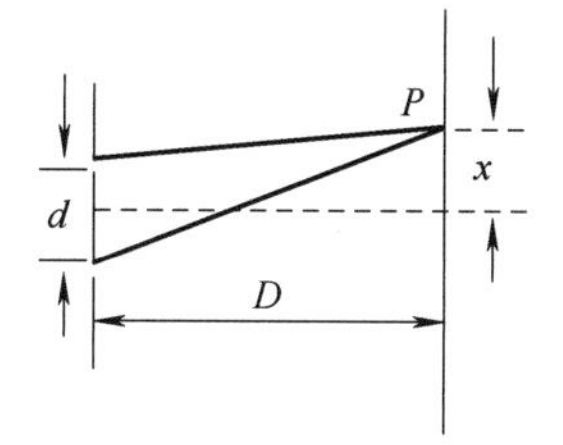

计算题 18-4 解答图

（1）两相邻明条纹的间距 $\Delta x=\frac{D}{d}\lambda$，有

$$\Delta x_1=\frac{D}{d}\lambda_1=0.2\text{mm},\ \Delta x_2=\frac{D}{d}\lambda_2=0.3\text{mm}$$

（2）在两种单色光的干涉条纹重叠处，有 $x_1=x_2$，即 $k_1\lambda_1=k_2\lambda_2$。

$$k_1/k_2=\lambda_2/\lambda_1=3/2$$

第一次重叠 $k_1=3$，$k_2=2$，所以

$$x_1=x_2=0.6\text{mm}$$

故两种单色光的干涉明条纹第一次重叠处距屏中心的距离为 0.6mm，波长为 400nm 的是第 3 级明条纹，波长为 600nm 的是第 2 级明条纹。

练习十九

一、选择题

1. C　2. C　3. C　4. B　5. B

二、填空题

1. $2n_2e$，$2n_2e+\frac{\lambda}{2}$；　2. $3e+\frac{\lambda}{2}$或 $3e-\frac{\lambda}{2}$；　3. $\lambda/(4n)$；　4. 90.6nm。

三、计算题

1. **解**　如计算题 19-1 解答图所示，过 O'点作 $O'A$ 垂直于两束反射光线。1、2 两束光的光程差为

$$\delta=2n\,\overline{OP}-n_1\,\overline{OA}+\frac{1}{2}\lambda$$

计算题 19-1 解答图

其中，$\overline{OP}=e/\cos i'$，$\overline{OO'}=2e\tan i'$，$\overline{OA}=\overline{OO'}\sin i=2e\tan i'\sin i$。

根据折射定律，有 $n_1\sin i=n\sin i'$，$\sin i'=(n_1\sin i)/n$，所以

$$\cos i'=\sqrt{1-\frac{n_1^2\sin^2 i'}{n^2}}=\frac{1}{n}\sqrt{n^2-n_1^2\sin^2 i}，\quad \tan i'=\frac{\sin i'}{\cos i'}=\frac{n_1\sin i}{\sqrt{n^2-n_1^2\sin^2 i}}$$

所以　$\delta=2n\frac{ne}{\sqrt{n^2-n_1^2\sin^2 i}}-2n_1e\frac{n_1\sin i}{\sqrt{n^2-n_1^2\sin^2 i}}\sin i+\frac{\lambda}{2}=2e\sqrt{n^2-n_1^2\sin^2 i}+\frac{\lambda}{2}$。

2. **解**　由于 $n_1>n_2>n_3$，从上、下表面反射的光均无半波损失。因此，反射光得到加强的条件是

$$2n_2e=k\lambda，\qquad \lambda=\frac{2n_2e}{k}=\frac{1120}{k}\text{nm}$$

$k=1$ 时，$\lambda=1120$nm；

$k=2$ 时，$\lambda=560$nm；

$k=3$ 时，$\lambda=373.3$nm。

可见光范围 400～760nm，所以反射光中可见光得到加强的是波长为 560nm 的光。

3. **解**　假设空气的折射率为 n_0，由于 $n_0<n_2<n_1$，所以增透膜上、下表面反射光的光程差为 $\delta_r=2n_2e$，增透膜的条件为 $\delta_r=2n_2e=k\lambda+\frac{\lambda}{2}$，其中 λ 为入射光波长，当 $k=0$ 时，可得最小膜厚 $e_{\min}=\frac{\lambda}{4n_2}=\frac{632.8}{4\times1.30}\text{nm}=121.7\text{nm}$。

4. **解**　由于在油膜上，下表面反射时都有相位跃变 π，所以反射光干涉相消的条件是 $2ne=(2k+1)\frac{\lambda}{2}$。

于是有

$$2ne=(2k+1)\frac{\lambda_1}{2}=(2k-1)\frac{\lambda_2}{2}$$

由此解出 $k=\frac{\lambda_2+\lambda_1}{2(\lambda_2-\lambda_1)}$，进一步得到油膜的厚度

$$e=\frac{\lambda_1\lambda_2}{2n(\lambda_2-\lambda_1)}=\frac{679\times485}{2\times1.32\times(679-485)}\text{nm}=643\text{nm}$$

练习二十

一、选择题

1. B　2. C　3. B　4. C　5. C

二、填空题

1. 明，$e=\frac{\lambda}{2n_2}$；　2. 增大，小；　3. 密，暗；

4. $2(n-1)d$；　5. $\lambda/[2(n-1)]$；　6. 0.644mm。

三、计算题

1. **解**　设 A 点处空气薄膜厚度为 e，则有 $2e+\frac{\lambda_1}{2}=(2k+1)\frac{\lambda}{2}$，即 $2e=k\lambda_1$。

因此，改变波长后有：$2e=(k-1)\lambda_2$。所以

$$k\lambda_1=k\lambda_2-\lambda_2$$

$$k=\frac{\lambda_2}{\lambda_2-\lambda_1},\ e=k\frac{\lambda_1}{2}=\frac{\lambda_1\lambda_2}{2(\lambda_2-\lambda_1)}$$

2. **解**　牛顿环亮环的直径为 $d_k=2\sqrt{\frac{(2k-1)R\lambda}{2}}(k=1,2,\cdots)$。

设这种液体的折射率为 n，则光波的波长变为 $\lambda'=\lambda/n$，因此

$$n=\frac{\lambda}{\lambda'}=\frac{d_{10}^2}{d'^2_{20}}=\left(\frac{1.4\times10^{-2}}{1.27\times10^{-2}}\right)^2=1.26$$

3. **解**　相邻条纹间的厚度差为 $\lambda/2$，30 条明条纹间劈尖膜的厚度差为 $\Delta e=(30-1)\frac{\lambda}{2}=14.5\lambda$

劈尖角　$$\theta=\Delta e/\Delta x$$

细丝直径　$$d=L\theta=L\frac{\Delta e}{\Delta x}=28.88\times10^{-3}\times\frac{14.5\times589.3\times10^{-9}}{4.295\times10^{-3}}\text{m}=5.75\times10^{-5}\text{m}$$

4. **解**　(1) 棱边处是第 1 条暗条纹中心，在膜厚度为 $e_2=\lambda/2$ 处是第 2 条暗条纹中心，依此可知第 4 条暗条纹中心处，即 A 处膜厚度 $e_4=3\lambda/2$，所以

$$\theta=\frac{e_4}{l}=\frac{3\lambda}{2l}=4.8\times10^{-5}\text{rad}$$

(2) 由 (1) 可知 A 处膜厚为 $e_4=\frac{3\lambda}{2}=\frac{3\times500}{2}\text{nm}=750\text{nm}$

对于 $\lambda'=600$nm 的光，连同附加光程差，在 A 处两反射光的光程差为 $2e_4+\frac{\lambda'}{2}$，它与波长 λ' 之比为 $2\frac{e_4}{\lambda'}+\frac{1}{2}=3$。所以 A 处是明条纹。

(3) 棱边处仍是暗条纹，A 处是第 3 条明条纹，所以共有三条明条纹，三条暗条纹。

5. **解**　充入气体前后，两相干光光程差的变化为 $(n-1)l$

条纹每移动一条，光程差改变 λ，因此　$(n-1)l=N\lambda$

得该气体的折射率为　$$n=\frac{N\lambda}{l}+1=\frac{98.0\times589.3\times10^{-9}}{0.20}+1=1.00029$$

练习二十一

一、选择题

1.D　2.B　3.D　4.C

二、填空题

1. 子波，子波干涉（或子波相干叠加）；　2. 夫琅禾费，菲涅耳，夫琅禾费；　3. 4，暗；　4. λ。

三、计算题

1. **解**　单缝夫琅禾费衍射暗纹条件为 $a\sin\theta_k=2k\dfrac{\lambda}{2}$（其中 a 为缝宽，对于 1 级暗纹，$k=1$），代入得缝宽的大小 $a=\dfrac{\lambda}{\sin\theta_1}=2\lambda$。

2. **解**　(1) 中央明条纹宽度就是相邻两一级暗纹之间的距离，根据单缝夫琅禾费衍射暗纹条件 $a\sin\theta_k=2k\dfrac{\lambda}{2}$，由于 $\lambda\ll a$，衍射角 θ_1 很小，得中央明条纹角宽度为

$$\Delta\theta_0=2\theta_1\approx2\frac{\lambda}{a}=1\times10^{-2}\,\text{rad}$$

中央明条纹线宽度 $\Delta x_0=2f\tan\theta_1\approx2f\theta_1=f\Delta\theta_0=5\times10^{-3}\text{m}=5\text{mm}$

(2) 根据单缝夫琅禾费衍射暗纹条件，可得第 1 级明条纹角宽度为

$$\Delta\theta=\theta_2-\theta_1\approx\frac{\lambda}{a}=5\times10^{-3}\,\text{rad}$$

第 1 级明条纹线宽度为 $\Delta x=f\tan\theta_2-f\tan\theta_1\approx f(\theta_2-\theta_1)=f\Delta\theta=2.5\times10^{-3}\text{m}=2.5\text{mm}$。

3. **解**　单缝衍射暗纹形成条件为　$a\sin\theta=2k\dfrac{\lambda}{2}$

第 k 级暗纹对应的衍射角为 $\sin\theta=2k\dfrac{\lambda}{2a}$，出现的位置为 $x_k=f\tan\theta_k\approx f\sin\theta_k=k\dfrac{f\lambda}{a}$，

解得波长 $\lambda=\dfrac{a}{3f}\dfrac{\Delta x}{2}=\dfrac{1.5\times10^{-4}}{3\times0.4}\times\dfrac{8\times10^{-3}}{2}\text{m}=500\text{nm}$。

4. **解**　(1) 根据明条纹条件 $a\sin\theta=(2k+1)\dfrac{\lambda}{2}$，由于 θ 角很小，可得入射光的波长为

$$\lambda=\frac{2ax}{(2k+1)f}=\frac{2\times0.6\times10^{-3}\times1.4\times10^{-3}}{(2\times3+1)\times0.4}\text{m}=600\text{nm}$$

(2) 从 P 点看，单缝处波阵面被分成的半波带数目为 $2k+1=2\times3+1=7$。

(3) 第 1 级明条纹对应的衍射角 θ_1 满足 $a\sin\theta_1=(2\times1+1)\dfrac{\lambda}{2}$，解得

$$\theta_1\approx\frac{3\lambda}{2a}=1.5\times10^{-3}\,\text{rad}$$

(4) $\lambda_1=600\text{nm}$ 的 k_1 级明条纹和 $\lambda_2=428.6\text{nm}$ 的 k_2 级明条纹若能重叠，则其衍射角应该相等，即

$$a\sin\theta=(2k_1+1)\frac{\lambda_1}{2},\ a\sin\theta=(2k_2+1)\frac{\lambda_2}{2}$$

由此得

$$\frac{2k_1+1}{2k_2+1}=\frac{\lambda_2}{\lambda_1}=\frac{4286}{6000}\approx\frac{5}{7}$$

故 $2k_1+1=5$，得 $k_1=2$；$2k_2+1=7$，得 $k_2=3$。

可知，波长为 600nm 光的第 2 级明条纹可与波长为 428.6nm 光的第 3 级明条纹重叠。

练习二十二

一、选择题

1.D　2.B　3.D　4.B　5.D　6.D

二、填空题

1. $d\sin\theta=k\lambda(k=0,\pm1,\pm2,\cdots)$；　2. 变小，变大；　3. $a=b$；

4. 1，3；　5. 更窄更亮；　6. $2d\sin\theta=k\lambda(k=1,2,3,\cdots)$。

三、计算题

1. **解**　该光栅的光栅常数为 $d=\dfrac{1\times10^{-3}}{800}\mathrm{m}=1.25\times10^{-6}\mathrm{m}$，根据光栅方程 $d\sin\theta=k\lambda$，

入射光波长 $\lambda=d\sin\theta_1=1.25\times10^{-6}\times\sin30°\ \mathrm{m}=6.25\times10^{-7}\mathrm{m}=625\mathrm{nm}$。

2. **解**　重合时，$d\sin\theta=k_1\lambda_1=k_2\lambda_2$，$\dfrac{\lambda_1}{\lambda_2}=\dfrac{k_2}{k_1}=\dfrac{3}{4}$。

因为 k_1、k_2 为整数又是第 2 次重合，所以 $k_1=8$，$k_2=6$。

3. **解**　光栅常数 $d=\dfrac{1\times10^{-3}}{600}\mathrm{m}=\dfrac{1}{6}\times10^{-5}\mathrm{mm}$，假设两波长 2 级光谱中的角位置分别为 θ_1 和 θ_2。

由光栅方程 $d\sin\theta_1=k\lambda_1=2\lambda_1$，得 $\theta_1=\arcsin(2\lambda_1/d)\approx44.96°$。

由光栅方程 $d\sin\theta_2=k\lambda_2=2\lambda_2$，得 $\theta_2=\arcsin(2\lambda_2/d)\approx45.02°$。

可得两波长 λ_1 和 λ_2 的光谱线之间的间隔 $\Delta l=f(\tan\theta_2-\tan\theta_1)=2.04\mathrm{mm}$。

4. **解**　(1) 由光栅方程 $d\sin\theta=k\lambda$ 可得 $k=d\sin\theta/\lambda$。

可见 k 的可能最大值对应 $\sin\theta=1$。将 d 及 λ 值代入上式，并设 $\sin\theta=1$，得

$$k=\frac{3\times10^{-6}}{700\times10^{-9}}=4.28$$

k 只能取整数，故取 $k=4$，即垂直入射时最多能看到第 4 级明条纹。

(2) 当 d 和 a 的比 $\dfrac{d}{a}=\dfrac{k}{k'}$ 为整数比时，k 级出现缺级。已知 $d=3\times10^{-6}\mathrm{m}$，$a=1\times10^{-6}\mathrm{m}$，因此 $d/a=3$，故缺级的级数为 3，6，9，…。又因 $k\leqslant4$，所以第 3 级缺级。

5. **解**　(1) 假设待测波长为 λ，根据光栅方程 $d\sin\theta=k\lambda$，要能测定该光的波长，要求至少能看到一级衍射条纹，即 $\sin\theta_1=\dfrac{\lambda}{d}\leqslant1$，因此要求 $d\geqslant\lambda$。由题意可知，该光的波长范围为 $400\mathrm{nm}\leqslant\lambda\leqslant760\mathrm{nm}$，即要求 $d\geqslant760\mathrm{nm}$；

(2) 又根据光栅方程，相邻两级衍射条纹的角位置关系为 $\cos\theta_{k+1}-\cos\theta_k=\dfrac{\lambda}{d}$，光栅常数 d 越小，衍射条纹分得越开，越易于准确测量。

综上所述，选用光栅常数为 $d=1.0\times10^{-3}$ mm 的光栅最好。

练习二十三

一、选择题

1.D 2.C 3.D 4.B 5.D 6.B

二、填空题

1. 艾里，$2.44\dfrac{f\lambda}{D}$； 2. 2.24×10^{-4}rad； 3. 6.03×10^{-3}rad； 4. 21.5m。

三、计算题

1. **解** 人眼的最小分辨角 $\theta=1.22\dfrac{\lambda}{D}=1.22\times\dfrac{550\times10^{-9}}{5.0\times10^{-3}}\text{rad}=1.34\times10^{-4}\text{rad}$，

两点光源的间距为 $\Delta x=l\theta=10\times10^{3}\times1.34\times10^{-4}\text{m}=1.34\text{m}$。

2. **解** 根据题意该望远镜的最小分辨角 θ_0 应不大于两颗星相对于一台望远镜的角距离 θ。

根据瑞利判据，应有 $\theta_0=1.22\dfrac{\lambda}{D}\leqslant\theta$，即要求 $1.22\dfrac{\lambda}{\theta}\leqslant D$，解得 $D\geqslant0.139\text{m}$。

该望远镜物镜的口径至少应为 0.139m。

3. **解** 根据瑞利判据，该望远镜的极限分辨角为 $\theta_0=1.22\dfrac{\lambda}{D}$根据定义，

则有该望远镜的分辨本领为

$$\frac{1}{\theta_0}=\frac{1}{1.22}\frac{D}{\lambda}=\frac{1}{1.22}\times\frac{24.5}{550\times10^{-9}}\text{rad}^{-1}=3.65\times10^{7}\text{rad}^{-1}$$

4. **解** 最小分辨角应为 $\theta_1=\dfrac{d}{l}=\dfrac{4\times10^{-2}}{150\times10^{3}}\text{rad}=2.67\times10^{-7}\text{rad}$，

照相机的孔径为 $D=1.22\dfrac{\lambda}{\theta_1}=1.22\times\dfrac{500\times10^{-9}}{2.67\times10^{-7}}\text{m}=2.28\text{m}$。

5. **解** （1）双缝干涉第 k 级亮纹条件

$$d\sin\theta_k=k\lambda \qquad (*)$$

第 k 级亮条纹位置：$x_k=f\tan\theta_k\approx f\sin\theta_k\approx kf\dfrac{\lambda}{d}$。

相邻两亮纹的间距：$\Delta x=x_{k+1}-x_k=f\dfrac{\lambda}{d}=2.0\times\dfrac{480\times10^{-9}}{0.40\times10^{-3}}=2.4\text{mm}$。

（2）单缝衍射第 1 暗纹

$$a\sin\theta_1=\lambda \qquad (**)$$

联立式（*）与式（**），得单缝衍射第 1 暗纹处出现的双缝干涉级次为 $k=\dfrac{d}{a}=5$，由于缺级，$k=5$ 级干涉条纹不可见。

因此，单缝衍射中央亮纹范围内能观察到的最高级次为第 4 级，共 9 条，分别为 0，±1，±2，±3，±4级。

练习二十四

一、选择题

1.B　2.A　3.C　4.D　5.A　6.B

二、填空题

1. 自然光，线偏振光，部分偏振光，圆偏振光，椭圆偏振光；

2. $3\ I_0/8$；　3. $A/2$；　4. 部分，部分；　5. 30°，$\sqrt{3}:3$。

三、计算题

1. **解**　自然光通过第一块偏振片的光强为 $I_0/2$，由题意最初两块偏振片的夹角为90°，因此有出射光强　$I=\dfrac{I_0}{2}\cos^2\theta\cos^2(90°-\theta)=\dfrac{I_0}{8}\sin^2 2\theta$。

2. **解**　设自然光经第一块偏振片后出射光强为 I_0，则未插入另一块偏振片前透射光强 $I_1=I_0\cos^2 60°=I_0/4$。

插入另一块偏振片后，中间偏振片的出射光强为 $I'_0=I_0\cos^2 30°=3I_0/4$。

透射光强 $I'_1=I'_0\cos^2 30°=3I'_0/4=9I_0/16$，则 $I'_1/I_1=9/4$，$I'_1=9I_1/4$。

3. **解**　设两束单色自然光的光强分别为 I_{10} 和 I_{20}，则经过起偏器后光强分别为 $I_{10}/2$ 和 $I_{20}/2$。

经过检偏器后 $I_1=\dfrac{I_{10}}{2}\cos^2 30°$，$I_2=\dfrac{I_{20}}{2}\cos^2 60°$

因为 $I_1=I_2$，故两束单色自然光的光强之比 $\dfrac{I_{10}}{I_{20}}=\dfrac{\cos^2 60°}{\cos^2 30°}=\dfrac{1}{3}$。

4. **解**　通过第一块偏振片后，自然光变为线偏振光，光强为 $\dfrac{1}{2}I_0$，光矢量的振动方向与第一块偏振片的偏振方向相同。

由马吕斯定律，通过第二块偏振片的光强为 $\dfrac{1}{2}I_0\cos^2 45°=\dfrac{I_0}{4}$，光矢量的振动方向与第二块偏振片的偏振方向相同。

故通过第三块偏振片的光强为 $\dfrac{I_0}{4}\cos^2 45°=\dfrac{I_0}{8}$，光矢量的振动方向与第三块偏振片的偏振方向相同。

5. **解**　已知空气的折射率 $n_0=1$，假设透明介质的折射率为 n，由题意有

$n\sin 45°=n_0\sin 90°$，解得 $n=\sqrt{2}$。

从空气射向此介质时的布儒斯特角为 i_0，

应有 $\tan i_0=\dfrac{n}{n_0}=\sqrt{2}=1.414$，

$i_0=\arctan 1.414=54.73°$。

四、作图题

反射光和折射光的偏振状态如作图题 24-1 解答图所示。

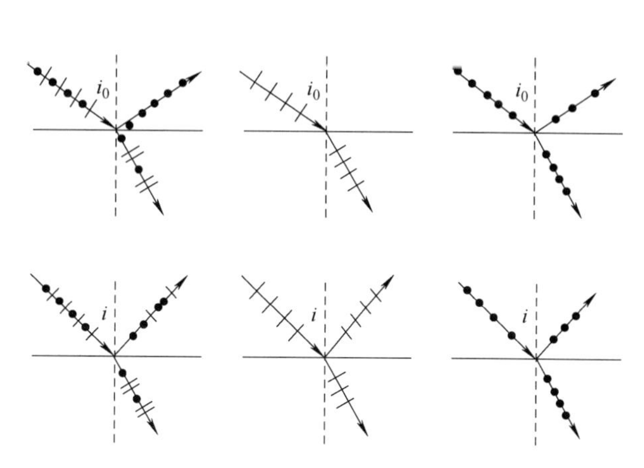

作图题 24-1 解答图

练习二十五

一、选择题

1. D　2. E　3. E　4. A

二、填空题

1. 相对的，运动；　2. c；　3. c，c；　4. $x^2+y^2+z^2=(ct)^2$，$x'^2+y'^2+z'^2=(ct)^2$。

三、计算题

1. **解**　(1) 根据洛伦兹坐标变换关系

$$t'=\left(t-\frac{u}{c^2}x\right)/\sqrt{1-(u/c)^2}=\frac{2.0\times10^{-7}-\frac{0.6c}{c^2}\times50}{\sqrt{1-(0.6c/c)^2}}\text{s}=1.25\times10^{-7}\text{s}$$

(2) 由 $t_1'=\left(t_1-\frac{u}{c^2}x_1\right)/\sqrt{1-(u/c)^2}$，$t_2'=\left(t_2-\frac{u}{c^2}x_2\right)/\sqrt{1-(u/c)^2}$，得

$$\Delta t'=t'_2-t'_1=\frac{(t_2-t_1)-\frac{u}{c^2}(x_2-x_1)}{\sqrt{1-(u/c)^2}}=2.25\times10^{-7}\text{s}$$

2. **解**　在地面参考系：　　$\Delta t=(L_0/c)-(L_0/c)=0$

在飞机参考系：

$$t'_\text{W}=\frac{t_\text{W}-ux_\text{W}/c^2}{\sqrt{1-(u/c)^2}},\quad t'_\text{E}=\frac{t_\text{E}-ux_\text{E}/c^2}{\sqrt{1-(u/c)^2}}$$

$$\Delta t'=t'_\text{W}-t'_\text{E}=\frac{\Delta t+(u/c)^2(x_\text{E}-x_\text{W})}{\sqrt{1-(u/c)^2}}=\frac{0+(u/c)^2 2L_0}{\sqrt{1-u\ (v/c)^2}}=-\frac{2L_0u}{c^2\ \sqrt{1-(u/c)^2}}$$

3. **解**　设 S′系相对于 S 系运动的速度为 u，则由 $t'_1=\frac{t_1-ux_1/c^2}{\sqrt{1-(u/c)^2}}$，$t'_2=\frac{t_2-ux_2/c^2}{\sqrt{1-(u/c)^2}}$，得到

$$t'_2-t'_1=\frac{(t_2-t_1)-u(x_2-x_1)/c^2}{\sqrt{1-(u/c)^2}}$$

由题意 $t'_2=t'_1$，有 $(t_2-t_1)-[u(x_2-x_1)/c^2]=0$，即 $\frac{u}{c}=\frac{c(t_2-t_1)}{x_2-x_1}=0.4$，解得 $u=0.4c$。

4. **解**　(1) 假设惯性参考系 S′相对于 S 系以速度 u 运动，且在 S′系 $\Delta x'=x_2'-x_1'=0$。

根据洛伦兹坐标变换关系，应有 $\Delta x'=\frac{\Delta x-u\Delta t}{\sqrt{1-(u/c)^2}}=0$，解得 $u=\frac{\Delta x}{\Delta t}=1.5\times10^8\text{m/s}$，小于真空中的光速，因此这样的参考系是存在的。

(2) $\Delta t'=\frac{\Delta t-\frac{u}{c^2}\Delta x}{\sqrt{1-(u/c)^2}}=1.73\times10^{-6}\text{s}$。

5. **解**　以 A 为参考系，B 相对于 A 的速度 v'_B 的大小即为两者互测的相对速度，根据洛伦兹式，有 $v'_\text{B}=\frac{v_\text{B}-v_\text{A}}{1-v_\text{B}v_\text{A}/c^2}=\frac{0.8c-(-0.9c)}{1-0.8c\times(-0.9c)/c^2}=\frac{1.7c}{1.72}=0.988c$。

四、简答题

答　(1) 相对性原理：在所有惯性系中，物理定律的表现形式都相同。

(2) 光速不变原理：真空中的光速与参考系和运动无关，是一个不变的常量 c。

练习二十六

一、选择题

1.C　2.D　3.A　4.D　5.A

二、填空题

1.c；　2. $0.6c$；　3. $v=0.8c$；　4. $\dfrac{1}{\sqrt{1-(u/c)^2}}$；　5. $\dfrac{\Delta x}{v}$，$\dfrac{\Delta x}{v}\sqrt{1-(v/c)^2}$。

三、计算题

1. **解**　这两个测量结果符合相对论的时间膨胀（或运动时钟变慢）的结论。

设 μ^+ 子相对于实验室的速度为 v，μ^+ 子的固有寿命 $\tau_0=2.2\times10^{-6}\text{s}$，$\mu^+$ 子相对实验室做匀速运动时的寿命 $\tau=1.63\times10^{-5}\text{s}$。

按时间膨胀公式 $\tau=\dfrac{\tau_0}{\sqrt{1-(v/c)^2}}$ 整理，得 $v=c\sqrt{1-\left(\dfrac{\tau_0}{\tau}\right)^2}=0.99c$。

2. **解**　(1) 地面观测站测得飞船船身的长度为

$$l=l_0\sqrt{1-(u/c)^2}=54\text{m}$$

则

$$\Delta t_1=\frac{l}{u}=\frac{54}{0.8\times3\times10^8}\text{s}=2.25\times10^{-7}\text{s}$$

(2) 宇航员测得飞船船身的长度为 l_0，则 $\Delta t_2=\dfrac{l_0}{u}=3.75\times10^{-7}\text{s}$。

3. **解**　根据相对论尺缩效应，沿运动方向长度收缩，在 K′系中测得薄板沿 x' 轴方向的长度为

$$a'_x=a\sqrt{1-(v/c)^2}=0.6a$$

垂直于运动方向上的长度不变，所以在 K′系中测得薄板沿 y' 轴方向的长度仍为 a。因此，K′系测得薄板的面积应为 $S'=a'_x a'_y=0.6a^2$。

4. **解**　设地球是 S 系，火箭是 S′系。按地球的钟，导弹发射的时间是在火箭发射后

$$\tau=\frac{\tau_0}{\sqrt{1-(u/c)^2}}=12.5\text{s}$$

这段时间火箭相对于地面飞行的距离为 $l=u\tau$，导弹相对地球的速度为 $v=0.3c$，则导弹飞到地球的时间是 $\Delta t_2=l/vu\tau/v=25\text{s}$。

那么从火箭发射到导弹到达地面的时间 $\Delta t=\tau+\Delta t_2=37.5\text{s}$。

四、简答题

答　(1) 是正确的。

(2) 是错误的，因为不符合光速不变原理。应改为“在 S 系中测得光脉冲的传播速度也为 c”。

练习二十七

一、选择题

1. B　2. D　3. C　4. A

二、填空题

1. 2；　2. 1.49×10^{6} eV；　3. $0.25m_e c^2$；　4. 0.4kg。

三、计算题

1. **解**　根据相对论质量公式，当粒子的速率为 v 时，它的质量为

$$m=\frac{m_0}{\sqrt{1-(v/c)^2}}=\frac{m_0}{\sqrt{1-0.8^2}}=\frac{5}{3}m_0$$

根据相对论动能公式，当粒子的速率为 v 时，它的动能为

$$E_k=mc^2-m_0c^2=\left(\frac{5m_0}{3}-m_0\right)c^2=\frac{2}{3}m_0c^2$$

即粒子的动能是其静止能量的 2/3。

2. **解**　根据功能原理，要做的功　　$W=\Delta E$

根据相对论能量公式　　$\Delta E=m_2c^2-m_1c^2$

根据相对论质量公式　　$m_1=\frac{m_0}{\sqrt{1-\left(\frac{v_1}{c}\right)^2}}$，$m_2=\frac{m_0}{\sqrt{1-\left(\frac{v_2}{c}\right)^2}}$

所以

$$W=\frac{m_0c^2}{\sqrt{1-\left(\frac{v_2}{c}\right)^2}}-\frac{m_0c^2}{\sqrt{1-\left(\frac{v_1}{c}\right)^2}}=4.72\times10^{-14}\,\text{J}=2.95\times10^{5}\,\text{eV}$$

3. **解**　根据 $E=mc^2=m_0c^2/\sqrt{1-v^2/c^2}=E_0/\sqrt{1-v^2/c^2}$，可得

$$1/\sqrt{1-v^2/c^2}=E/E_0=30$$

由此求出介子运动速度 $v=2.9962\times10^{8}$ m/s。

介子在实验室中运动的时间为　$\tau=\tau_0/\sqrt{1-v^2/c^2}=30\tau_0$

因此，它在实验室中运动的距离为　$l=v\tau=v\cdot30\tau_0\approx1.798\times10^{4}$ m。

4. **解**　实验室参考系中，介子的能量为

$$E=E_k+E_0=7m_0c^2+m_0c^2=8E_0$$

设介子的速度为 v，又有　　$E=mc^2=m_0c^2/\sqrt{1-v^2/c^2}=E_0/\sqrt{1-v^2/c^2}$

可得　　$E/E_0=1/\sqrt{1-v^2/c^2}=8$

令介子的固有寿命为 τ_0，则介子在实验室中的寿命为　$\tau=\tau_0/\sqrt{1-v^2/c^2}=8\tau_0$

故在实验室中观察到的介子的寿命是它的固有寿命的 8 倍。

5. **解**　物体以速度 v 运动，其质量为 $m=\frac{m_0}{\sqrt{1-(v/c)^2}}$，由于只在运动方向产生尺缩效应，$b'=b$，$a'=a\sqrt{1-(v/c)^2}$，此时测得的板面积应为

$$S'=a'b'=ba\sqrt{1-(v/c)^2}$$

因此，测算得到的该矩形薄板的面密度应为 $\sigma'=\frac{m}{S'}=\frac{m_0}{ab[1-(v/c)^2]}$。

练习二十八

一、选择题

1. D　2. D　3. C　4. C　5. B　6. A

二、填空题

1. 16；　　2. 1.06mm；　　3. $h\nu+E_k$；

4. A/h，$(h\nu_1-A)/e$；　　5. 5×10^{14}，2.1。

三、计算题

1. **解**　光子的能量　$E=h\nu=6.63\times10^{-34}\times100\times10^6\text{J}=6.63\times10^{-26}\text{J}$，

光子的动量　$p=\dfrac{h}{\lambda}=\dfrac{h\nu}{c}=\dfrac{6.63\times10^{-34}\times100\times10^6}{3\times10^8}\text{kg}\cdot\text{m/s}=2.21\times10^{-34}\text{kg}\cdot\text{m/s}$。

2. **解**　设光源每秒钟发射的光子数为 n，每个光子的能量为 $h\nu$，

则由 $P=nh\nu=nhc/\lambda$，得 $n=P\lambda/(hc)$。

令每秒钟落在垂直于光线的单位面积的光子数为 n_0，则

$$n_0=\frac{n}{S}=\frac{n}{4\pi d^2}=\frac{P\lambda}{4\pi d^2hc}$$

光子的质量　$m=\dfrac{h\nu}{c^2}=\dfrac{h}{c\lambda}=3.33\times10^{-36}\text{kg}$。

3. **解**　根据能量守恒定律，释放出的电子的动能为 $E_k=\dfrac{hc}{\lambda}-\dfrac{hc}{\lambda_0}$，不考虑相对论效应，电子的动量

$$p=\sqrt{2m_eE_k}=\sqrt{2m_ehc\frac{\lambda_0-\lambda}{\lambda_0\lambda}}$$

4. **解**　由光电效应的爱因斯坦方程　$\dfrac{1}{2}m_ev_m^2=h\nu-A$，

电子最大初速率 $v_m=\sqrt{\dfrac{2(h\nu-A)}{m_e}}=\sqrt{\dfrac{2(6.63\times10^{-34}\times3\times10^{15}-4.0\times1.6\times10^{-19})}{9.1\times10^{-31}}}\text{m/s}=1.72\times10^6\text{m/s}$

5. **解**　(1) 由光电效应的爱因斯坦方程：$eU_c=\dfrac{1}{2}m_ev_m^2=h\nu-A$，得 $U_c=h\nu/e-A/e$。

所以 AB 线的斜率为 $\text{d}U_c/\text{d}\nu=h/e$（恒量），由此可知，对不同金属，曲线的斜率相同。

(2) 根据曲线的斜率，得到 $h=e\tan\theta=1.6\times10^{-19}\times\dfrac{2.0-0}{(10.0-5.0)\times10^{14}}\text{J}\cdot\text{s}=6.4\times10^{-34}\text{J}\cdot\text{s}$。

四、问答题

答　要能在可见光下使用，要求光电管材料的逸出功至少使得可见光中能量最大（频率最高）的光子能产生光电效应。由此可知，可见光中最大光子能量为

$$E_{max}=h\nu_{max}=6.63\times10^{-34}\times7.5\times10^{14}=4.97\times10^{-19}\text{J}=3.11\text{eV}$$

因此，要制造能在可见光下工作的光电管，金属铯较合适。

练习二十九

一、选择题

1. D　2. D　3. C　4. D　5. B　6. E

二、填空题

1. π（或 $180°$），0；　　2. $h\nu/c=(h\nu'\cos\theta/c)+p\cos\varphi$；

3. 0.25；　　4. 13.6，5；　　5. 10，3。

三、计算题

1. **解**　根据巴耳末公式 $\sigma=\frac{1}{\lambda}=R\left(\frac{1}{4}-\frac{1}{n^2}\right)$，当 $n=\infty$ 时，波长具有最小值，$\lambda_{\min}=4/R$，当 $n=3$ 时，波长具有最大值，$\lambda_{\max}=36/(5R)$，所以 $\frac{\lambda_{\min}}{\lambda_{\max}}=\frac{5}{9}$。

2. **解**　假设该定态的能量为 E_1，则 $E_1=E_0+10.19=(-13.6+10.19)\text{eV}=-3.41\text{eV}$。

当原子从 $E_2=-0.85\text{eV}$ 的状态跃迁到上述定态时，所发射的光子的能量为

$$E=E_2-E_1=(-0.85)-(-3.41)\text{eV}=2.56\text{eV}$$

3. **解**　由于发出的光线仅有三条，按

$$\nu=c\sigma=cR\left(\frac{1}{k^2}-\frac{1}{n^2}\right)$$

当 $n=3$，$k=2$ 时，得一条谱线；当 $n=3$，$k=1$ 时，得一条谱线；当 $n=2$，$k=1$ 时，得一条谱线，可见如果氢原子吸收外来光子后，处于 $n=3$ 的激发态，则发出的谱线将仅有以上三条。这三条光谱线中，频率最高的一条是

$$\nu=cR\left(\frac{1}{1^2}-\frac{1}{3^2}\right)=2.92\times10^{15}\,\text{Hz}$$

这也就是外来光的频率。

4. **解**　（1）$\Delta E=Rhc\left(1-\frac{1}{n^2}\right)=13.6\left(1-\frac{1}{n^2}\right)\text{eV}=12.75\text{eV}$

解得 $n=4$，将跃迁到第三激发态。

（2）可能发出 6 条谱线，分别为 λ_{41}，λ_{42}，λ_{43}，λ_{31}，λ_{32}，λ_{21}，能级图如计算题 29-4 解答图所示。

计算题 29-4 解答图

5. **解**　把一个基态氢原子电离所需最小能量为 $E_{\min}=13.6\text{eV}$，根据能量守恒有

$$h\nu=E_{\min}+\frac{1}{2}m_e v^2$$

该电子获得的速度大小为 $v=[2(h\nu-E_{\min})/m_e]^{1/2}=7.0\times10^5\,\text{m/s}$。

四、简答题

答　定态：原子系统所处的一系列分立的有确定能量的状态，处于这些状态时，原子不辐射能量；基态：原子系统能量最低的状态；激发态：原子系统所在的高于基态能量的量子态；量子化条件：决定原子系统可能存在的各种分立定态的条件。

练习三十

一、选择题

1. B　2. C　3. C　4. D　5. C　6. D

二、填空题

1. 0.0549；　2. 1∶1，4∶1；　3. $\frac{h}{2eBR}$；　4. 1；　5. 6.63×10^{-24}；　6. 1.05×10^{-26}J。

三、计算题

1. **解**　由于光子与电子的波长相同，所以它们的动量均为

$$p=\frac{h}{\lambda}=\frac{6.63\times10^{-34}\,\mathrm{J\cdot s}}{2.0\times10^{-10}\,\mathrm{m}}=3.31\times10^{-24}\,\mathrm{kg\cdot m\cdot s^{-1}}$$

光子的动能为　$E_k=pc=3.31\times10^{-24}\times3\times10^8\,\mathrm{J}=9.93\times10^{-16}\,\mathrm{J}=6.20\,\mathrm{keV}$。

电子的动能为　$E_k=\frac{p^2}{2m_e}=\frac{(3.31\times10^{-24})^2}{2\times9.11\times10^{-31}}\mathrm{J}=6.01\times10^{-18}\,\mathrm{J}=37.5\,\mathrm{eV}$。

2. **解**　考虑到相对论效应，粒子动能 $E_k=E-E_0$，其中

$$E=mc^2=\frac{m_0c^2}{\sqrt{1-(v/c)^2}},E_0=m_0c^2$$

又根据相对论能量与动量的关系式 $E^2=E_0^2+p^2c^2$，解得粒子的动量为

$$p=\frac{\sqrt{E^2-E_0^2}}{c}=\frac{\sqrt{E_k^2+2E_km_0c^2}}{c}$$

得粒子波长为 $\lambda=\frac{h}{p}=\frac{hc}{\sqrt{E_k^2+2E_km_0c^2}}$。

3. **解**　该带电粒子加速后获得的动能为 $E_k=eU$，可不考虑相对论效应，有 $E_k=\frac{p^2}{2m}$。

根据德布罗意关系式，粒子动量 $p=\frac{h}{\lambda}$，所以粒子质量

$$m=\frac{p^2}{2E_k}=\frac{h^2}{2\lambda^2eU}=\frac{(6.63\times10^{-34})^2}{2\times(2\times10^{-12})^2\times1.6\times10^{-19}\times206}\mathrm{kg}=1.67\times10^{-27}\,\mathrm{kg}$$

4. **证**　自由粒子的不确定关系式为　$\Delta x\cdot\Delta p_x\geqslant h$

取 Δx 沿运动方向，则　$\Delta p_x=\Delta p$

$$\Delta p-\Delta\left(\frac{h}{\lambda}\right)=\frac{h\Delta\lambda}{\lambda^2}$$

$\Delta\lambda$ 的存在说明，对于动量不确定的自由粒子，其波列不是无限长，而是在一定范围内。Δx 即为波列长度。

$$\Delta x\cdot\Delta p_x=\Delta x\cdot\frac{h\Delta\lambda}{\lambda^2}\geqslant h$$

故有　$\Delta x\cdot\Delta\lambda\geqslant\lambda^2$

四、简答题

答　用经典力学的物理量（例如坐标、动量等）只能在一定程度内近似地描述微观粒子的运动，坐标 x 和动量 p_x 存在不确定量 Δx 和 Δp_x，它们之间必须满足不确定关系式 $\Delta p_x\cdot\Delta x\geqslant h$。这是由于微观粒子具有波粒二象性的缘故。

练习三十一

一、选择题

1. A　2. D　3. A　4. B

二、填空题

1. 单值、连续、有限，$\iiint_V |\Psi|^2 \mathrm{d}V \equiv 1$；

2. $\Psi(x,t)=\Psi_0 \mathrm{e}^{-\frac{i}{\hbar}(Et-px)}$；

3. 1；　4. 波函数，波函数，薛定谔方程；　5. 势函数，势函数模型；

6. $\dfrac{\mathrm{d}^2\psi}{\mathrm{d}x^2}+\dfrac{2mE_\mathrm{k}}{\hbar^2}\psi=0$；　7. $\nabla\psi+\dfrac{2m}{\hbar^2}\left(E+\dfrac{k}{r}\right)\psi=0$。

三、计算题

1. **解**　由波函数的性质，得 $\int_0^l |\Psi|^2 \mathrm{d}x=1$，即 $\int_0^l c^2x^2(l-x)^2\mathrm{d}x=1$，由此得 $c^2=30/l^5$，$c=\sqrt{30/l^5}$。

设在（0，$l/3$）区间内发现该粒子的概率为 P，则

$$P=\int_0^{l/3}|\psi|^2\mathrm{d}x=\int_0^{l/3}30x^2(l-x)^2/l^5\mathrm{d}x=\frac{17}{81}=21\%$$

2. **解**　1keV 的电子，其动量为 $p=\sqrt{2m_\mathrm{e}E_\mathrm{k}}=1.71\times10^{-23}\mathrm{kg\cdot m/s}$。

根据不确定关系式　$\Delta p_x\cdot\Delta x\geqslant\hbar=\dfrac{h}{2\pi}$，得 $\Delta p_x=\dfrac{h}{2\pi\Delta x}=0.106\times10^{-23}\mathrm{kg\cdot m/s}$

所以
$$\Delta p_x/p=0.062=6.2\%。$$

若不确定关系式写成 $\Delta p_x\cdot\Delta x\geqslant h$，则 $\Delta p_x/p=39\%$。

或写成 $\Delta p_x\cdot\Delta x\geqslant\dfrac{\hbar}{2}$，则 $\Delta p/p=3.1\%$，均可视为正确。

四、简答题

1. **答**　波函数模的平方 $|\psi|^2$，对应于微观粒子在某一时刻某点处出现的概率密度 ω；即 $\omega=|\psi|^2=\psi\cdot\psi^*$。

2. **答**　由简答题 31-2 图可知，(a) 粒子位置的不确定量较大。又根据不确定关系式 $\Delta p_x\cdot\Delta x\geqslant\dfrac{h}{2\pi}$ 可知，由于（b）粒子位置的不确定量较小，故（b）粒子动量的不确定量较大。

3. **答**　（1）具有确定的能量 E；（2）粒子在空间出现的概率密度不随时间变化。

练习三十二

一、选择题

1. A　2. A　3. D

二、填空题

1. $x\leqslant 0$，$x\geqslant L$；

2. $\frac{\mathrm{d}^2\psi}{\mathrm{d}x^2}+\frac{2m}{\hbar^2}E\psi=0$，$\frac{\mathrm{d}^2\psi}{\mathrm{d}x^2}+\frac{2m}{\hbar^2}(E-U_0)\psi=0$；

3. $1/(2a)$；

4. 在粒子总能量低于势垒高度的情况下，粒子能穿过势壁甚至穿透一定宽度的势垒而逃逸出来的现象；

5. 隧道效应。

三、计算题

1. **解**　势阱外电子的函数为零，即 $\psi=0(x>a, x<0)$。

势阱内电子的定态薛定谔方程为 $-\frac{\hbar^2}{2m}\frac{\mathrm{d}^2\psi}{\mathrm{d}x^2}=E\psi$，令 $k^2=\frac{2m}{\hbar^2}E$，

有 $\frac{\mathrm{d}^2\psi}{\mathrm{d}x^2}+k^2\psi=0$，其一般解为 $\psi=c\sin(kx+\delta)$。

波函数应在边界 $x=0$ 和 $x=a$ 上连续，有 $\psi(0)=0$，$\psi(a)=0$。

根据 $\psi(0)=0$，得到 $c\sin\delta=0$，由于 c 不能为零，因此 $\delta=0$ 或 $m\pi$（$m=1, 2, 3, \cdots$）。因此，有 $\psi=c\sin kx$。

再根据 $\psi(a)=0$，得到 $ka=n\pi$（$n-1, 2, 3, \cdots$），即 $k-\frac{n\pi}{a}$（$n=1, 2, 3, \cdots$）。

因此
$$E=\frac{\hbar^2k^2}{2m}=n^2\frac{\pi^2\hbar^2}{2ma^2}=\frac{h^2}{8ma^2}n^2(n=1,2,3,\cdots)$$

当 $n=1$ 时，粒子具有最小能量 $E_1=\frac{\pi^2\hbar^2}{2ma^2}=\frac{h^2}{8ma^2}$。

2. **解**　根据一维无限深势阱中电子定态的本征能量公式
$$E_n=\frac{\pi^2\hbar^2}{2ma^2}n^2=\frac{h^2}{8ma^2}n^2(n=1,2,3,\cdots)$$

当 $a=0.1\mathrm{nm}$ 时，$E_1=\frac{(6.63\times10^{-34})^2}{8\times9.11\times10^{-31}\times(0.1\times10^{-9})^2}\mathrm{J}=6.03\times10^{-18}\mathrm{J}=37.7\mathrm{eV}$，$E_2=4E_1=150.8\mathrm{eV}$

当 $a=1.0\mathrm{cm}$ 时，$E_1=37.7\times10^{-16}\mathrm{eV}$，$E_2=150.8\times10^{-16}\mathrm{eV}$

即各能量值是第一种情况的 $1/10^{16}$ 倍，各能级可看成是连续的。

3. **解**　粒子的定态概率密度分布为 $\omega=|\psi|^2=\left(\frac{2}{a}\right)\sin^2\frac{n\pi x}{a}$，因此在 $\mathrm{d}x$ 内出现的概率
$$\mathrm{d}P=|\psi|^2\mathrm{d}x=(2/a)\sin^2(n\pi x/a)\mathrm{d}x$$

粒子在 $0<x<a/3$ 范围内出现的概率为
$$P=\int\mathrm{d}P=\int_0^{a/3}\frac{2}{a}\sin^2\frac{n\pi x}{a}\mathrm{d}x=\frac{2}{a}\left(\frac{x}{2}-\frac{a}{4\pi n}\sin\frac{2n\pi x}{a}\right)\bigg|_0^{a/3}=\frac{1}{3}-\frac{1}{2\pi n}\sin\frac{2n\pi}{3}$$

若 $n=1$，概率 $P=\frac{1}{3}-\frac{1}{2\pi}\frac{\sqrt{3}}{2}=0.195$；若 $n=2$，概率 $P=\frac{1}{3}+\frac{1}{4\pi}\frac{\sqrt{3}}{2}=0.402$。

4. **解**　依题意 $n\frac{\lambda}{2}=d$，则有 $\lambda=2\frac{d}{n}$。

由于 $p=\frac{h}{\lambda}$，则 $p=\frac{nh}{2d}$，故 $E_\mathrm{k}=\frac{p^2}{2m}=\frac{n^2h^2}{8md^2}(n=1,2,3,\cdots)$。

练习三十三

一、选择题

1. B　2. D　3. C　4. B

二、填空题

1. $-2\hbar$，$-\hbar$，0，$\hbar$，$2\hbar$；

2. $\frac{h}{2\pi}$，0，量子力学；

3. 电子自旋的角动量的空间取向量子化，$\frac{1}{2}$，$-\frac{1}{2}$；

4. 2，$2(2l+1)$，$2n^2$；

5. 1，0，$\pm\frac{1}{2}$；

6. 泡利不相容，能量最小。

三、计算与简答题

1. **答**　主量子数 n 大体上确定原子中电子的能量；角量子数 l 确定电子轨道的角动量；磁量子数 m_l 确定轨道角动量在外磁场方向上的分量；自旋磁量子数 m_s 确定自旋角动量在外磁场方向上的分量。

2. **解**　$l=1$ 时，$m_l=0$，±1，故原子的轨道角动量在空间有三种可能取向。

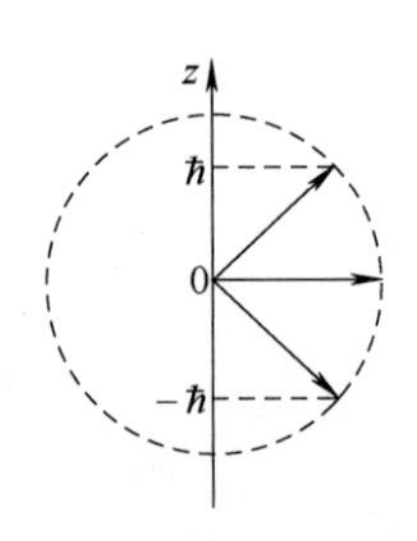

计算题 33-2 解答图

轨道角动量的大小 $L=\sqrt{l(l+1)}\hbar=\sqrt{2}\hbar$，$L_z$的数值为$\hbar$、0、$-\hbar$。设角动量与 z 轴之间的夹角为θ，则 $\cos\theta=L_z/L$。将 L 及 L_z 的三种取值代入计算得到$\theta=\pi/4$、$\pi/2$、$3\pi/4$，如计算题 33-2 解答图所示。

3. **解**　d 分壳层就是角量子数 $l=2$ 的分壳层。

d 分壳层最多可容纳的电子数为 $Z_l=2(2l+1)=2\times(2\times2+1)=10$ 个，

$m_l=0$，±1，±2；$m_s=\pm\frac{1}{2}$。

4. **答**　泡利原理指出，原子内不可能有两个或两个以上电子处于同一量子态。而电子在原子内的一个量子态则是由 4 个量子数 n、l、m_l、m_s 来描述的，这样原子内不可能有两个或两个以上的电子具有相同的 4 个量子数。

$n=2$ 时，l 可取 0、1 两个值。

当 $l=0$ 时，$m_l=0$，但 m_s 仍可取$\pm1/2$ 两个值，即有两个量子态；而当 $l=1$ 时，m_l 可取 0，±1 这三个值，对应每一个 m_l 值，m_s 可取$\pm1/2$ 两个值，即在 $l=1$ 时有 6 个量子态。

故 $n=2$ 壳层总共有 8 个量子态，所以最多能容纳 8 个电子。